U0272590

数码单反摄影实力派

专业级风景拍摄技巧大全

[日]宽达◎编著　吴宣劭◎译

数码单反摄影实力派

专业级风景拍摄技巧大全

我们可以自由设置曝光程度，正因为如此才稍有难度……

自动曝光

雾蒙蒙的清晨，日光温暖而柔和，自动曝光可以很好地表现这种氛围。

看到“自动曝光”四个字，不要以为相机可以精准地自动再现当时肉眼看到的亮度。曝光的范围可以很大，所以选择什么程度的曝光就取决于当下摄影者的感悟了，在我们的内心到底看到了怎样的景色呢？

本书将站在专业摄影作品的高度上为大家介绍重要的曝光知识，包括从基础到应用的技巧。通过编辑们精心挑选的作品，为大家解说摄影者的拍摄意图与曝光程度的关联性。是一本数码摄影爱好者们不可或缺的曝光指南图书！

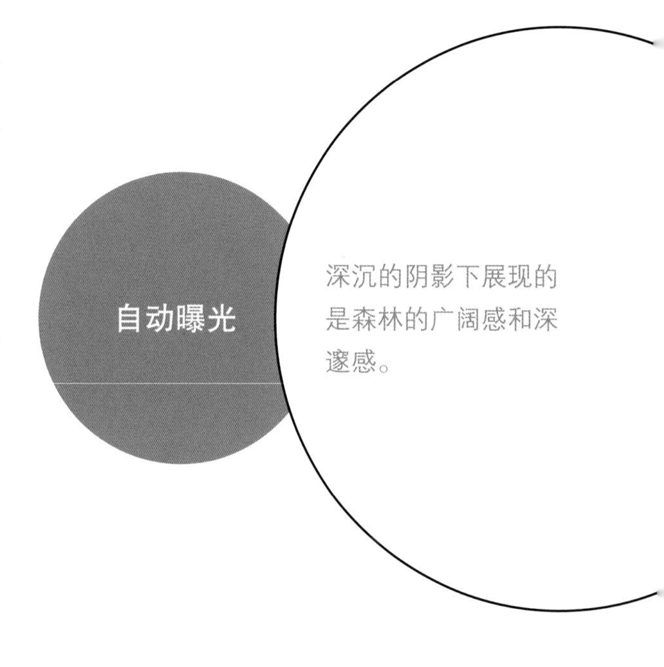

两张照片的亮度不尽相同，但却突显了各自的氛围，都可以称得上是不错的作品。

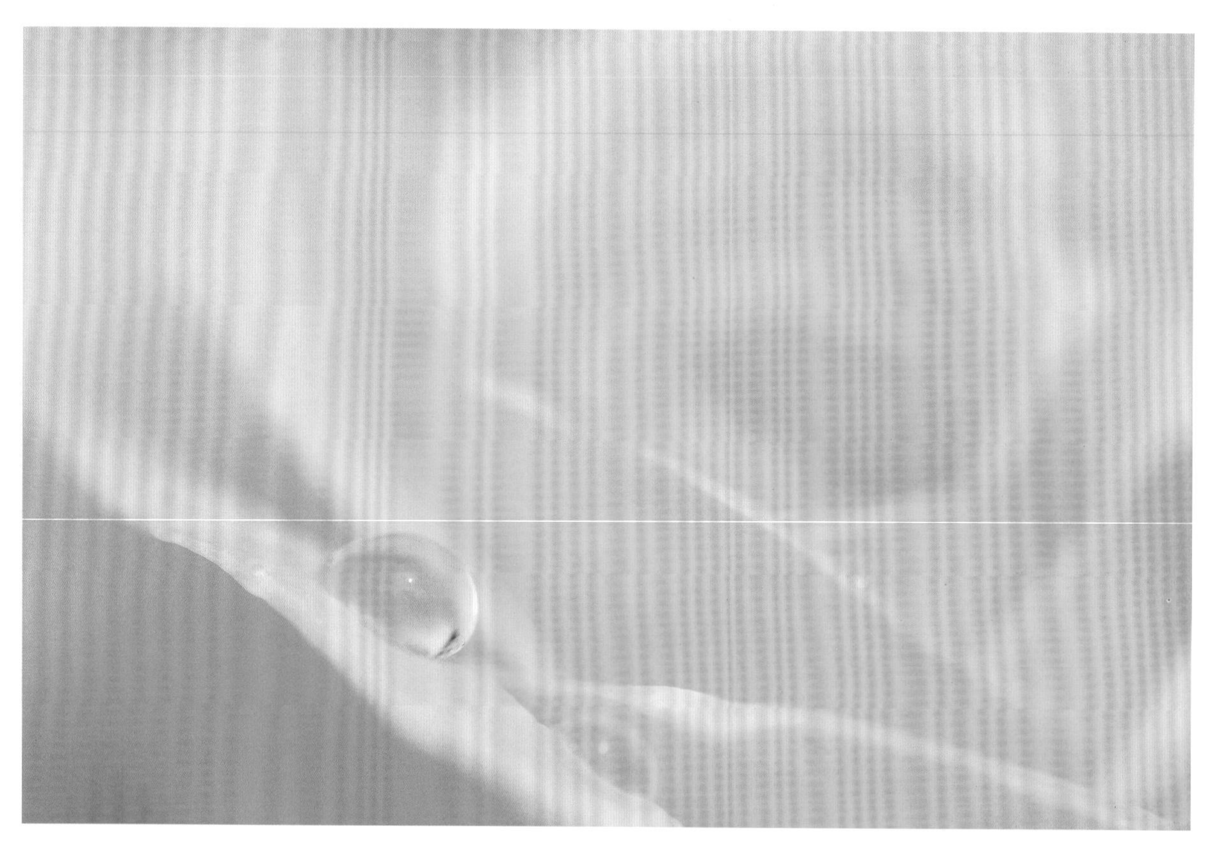

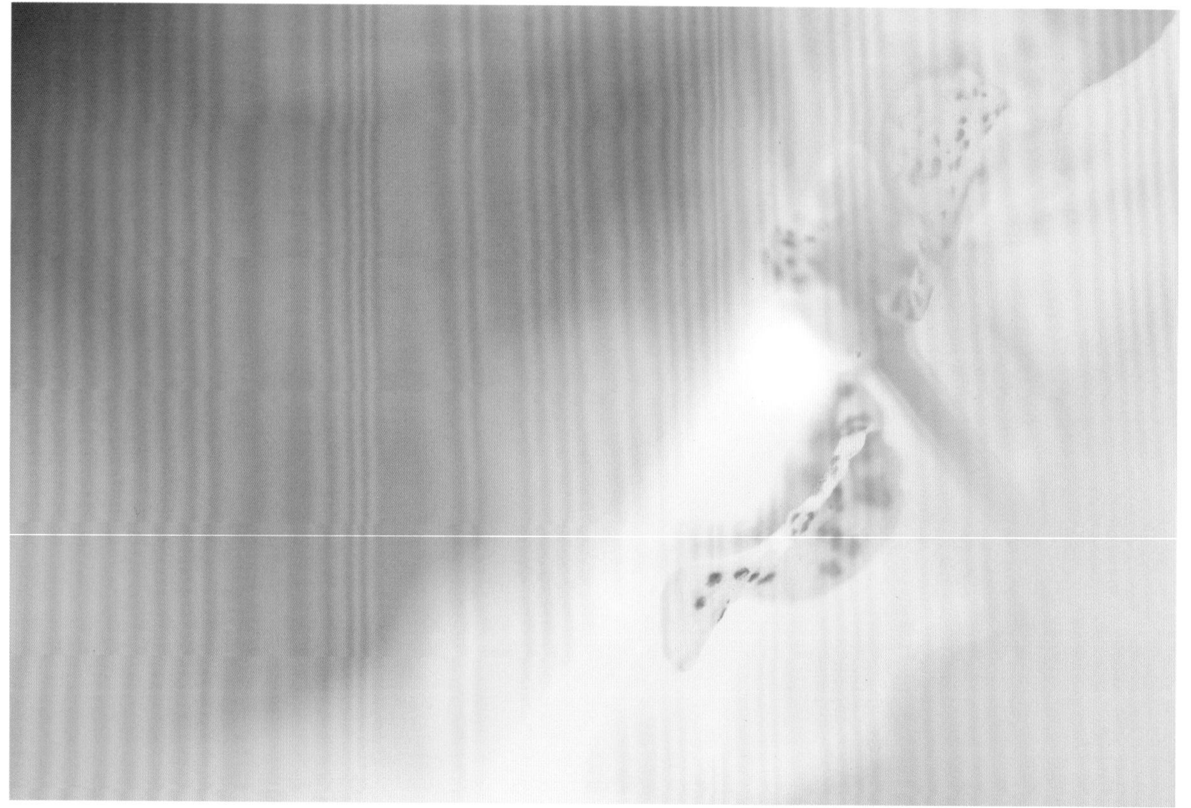

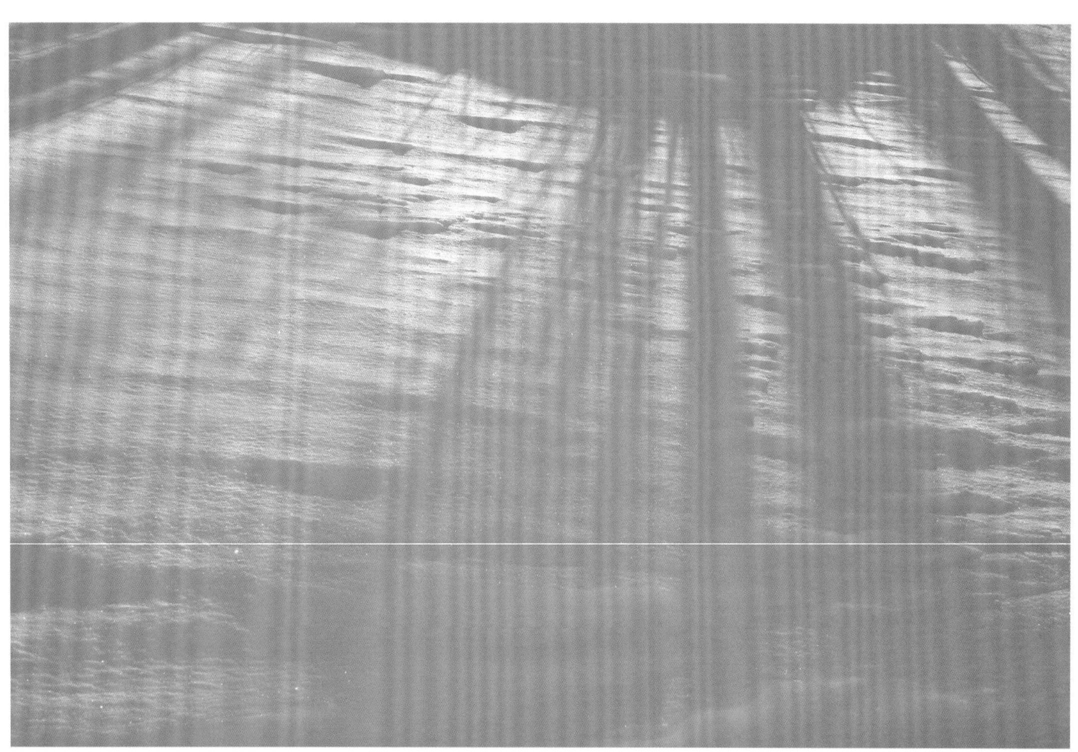

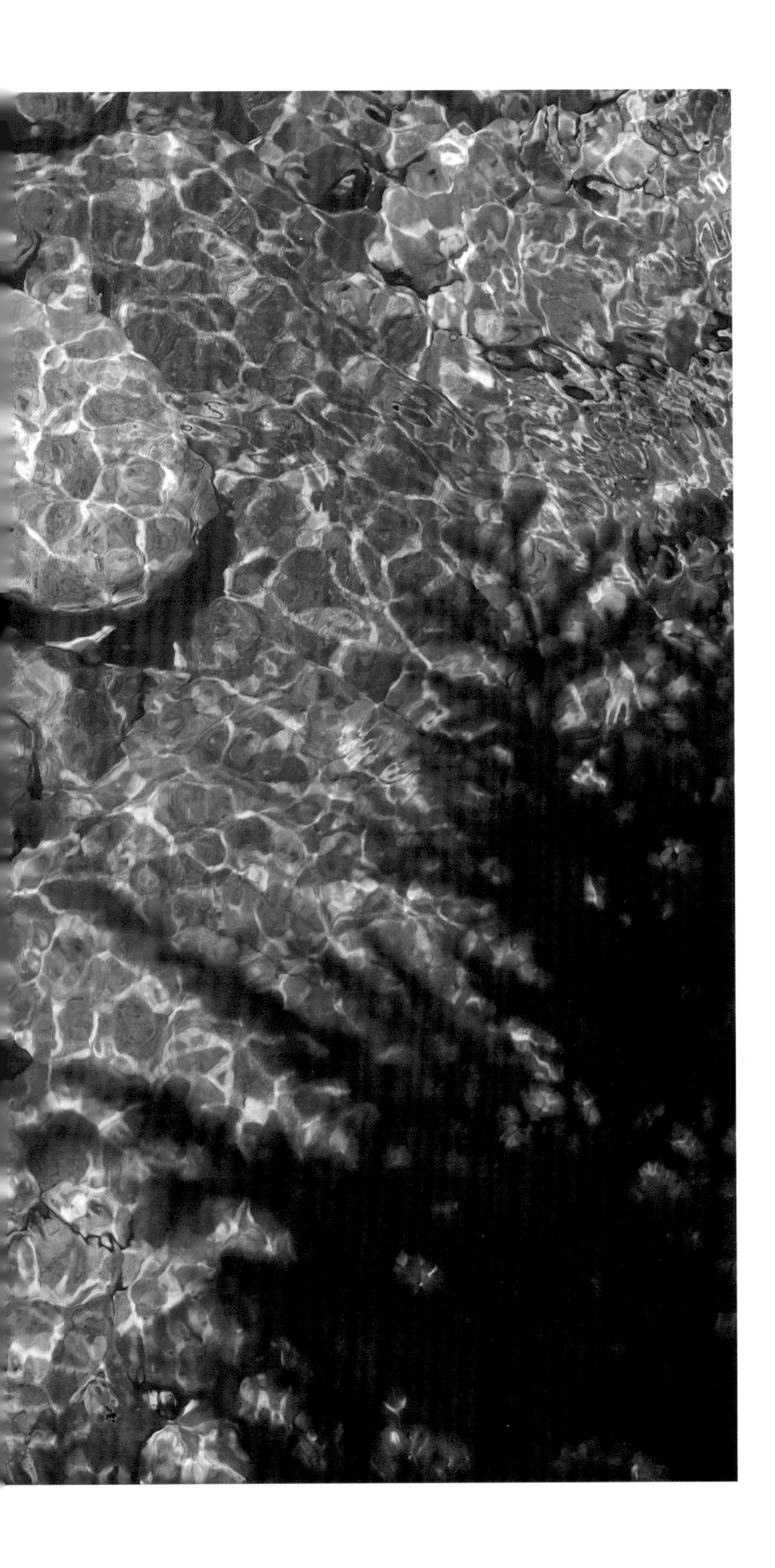

井村淳
IMURA Jun

佳能EOS-1D Mark Ⅳ
EF400mm F5.6L USM
光圈优先自动曝光（F4 1/400秒）
-1.3EV曝光补偿 ISO400
中央重点平均测光 白平衡：日光

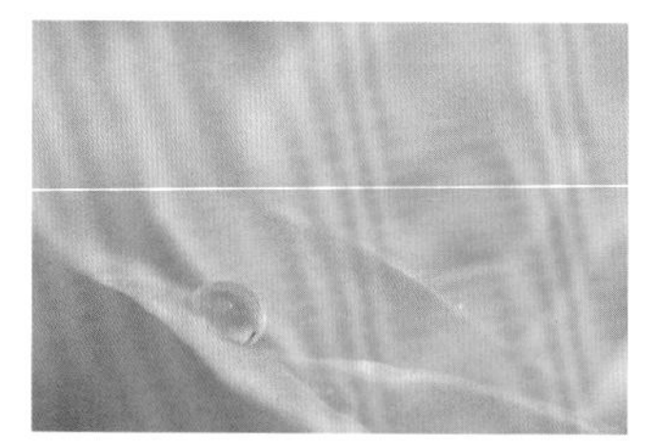

佳能EOS-1D Mark Ⅳ
EF100mm F2.8 MICRO USM
光圈优先自动曝光（F2.8 1/320秒）
+1.3EV曝光补偿 ISO100
评价测光 白平衡：日光

佳能EOS 5D Mark Ⅱ
EF70-200mm F2.8L IS USM
光圈优先自动曝光（F32 4秒）
-0.7EV曝光补偿 ISO400
中央重点平均测光 白平衡：白炽灯

佳能EOS 5D Mark Ⅱ
EF70-200mm F2.8L IS USM
光圈优先自动曝光（F8 1/10秒）
-1EV曝光补偿 ISO100
评价测光 白平衡：日光

平山武
HIRAYAMA TAKESHI

尼康D700
AF-S NIKKOR 24-70mm F/2.8G ED
光圈优先自动曝光（F11 1/250秒）
-1EV曝光补偿 ISO200
矩阵测光 白平衡：晴天
RAW Adobe Photoshop CS3

榎元俊介
ENOMOTO SHUNSUKE

尼康D3
AF-S NIKKOR 24-70mm F/2.8G ED
F8 1/100秒 ISO200
中央重点测光 白平衡：晴天
RAW 尼康Capture NX 2

尼康D300s
AF-S DX VR Zoom-Nikkor ED18-200mm F3.5-5.6G（IF）
F5 1/40秒 ISO500
矩阵测光 白平衡：晴天
RAW 尼康Capture NX 2

尼康D3
AF-S NIKKOR 24-70mm F/2.8G ED
F16 1/40秒 ISO200
中央重点测光 白平衡：晴天
RAW 尼康Capture NX 2

清水哲朗
SHIMIZU TETSURO

奥林巴斯E-5
ZUIKO DIGITAL ED 12-60mm F2.8-4.0 SWD
光圈优先自动曝光（F16　1.80秒）
-0.3EV曝光补偿　ISO200
49区分割数位ESP测光
白平衡：晴天　JPEG

奥林巴斯E-5
ZUIKO DIGITAL ED 50-200mm F2.8-3.5 SWD
快门速度优先自动曝光（F3.3　1/500秒）
+0.7EV曝光补偿　ISO200 49区分割数位ESP测光
白平衡：晴天　JPEG

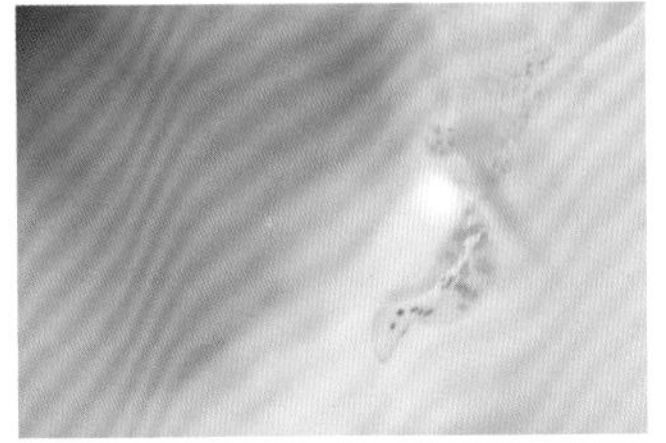

佳能EOS Kiss X4
腾龙SP AF90mm F/2.8 DiMACRO 1:1
光圈优先自动曝光（F.28 1/6秒）
+2EV曝光补偿　ISO200　评价测光
白平衡：自动　JPEG

奥林巴斯E-5
ZUIKO DIGITAL ED 50-200mm F2.8-3.5 SWD
光圈优先自动曝光（F4 1/25秒）
-0.3EV曝光补偿　ISO200
49区分割数位ESP测光
白平衡：晴天　JPEG

奥林巴斯E-5
ZUIKO DIGITAL ED 12-60mm
F2.8-4.0 SWD
光圈优先自动曝光（F6.3 1/500秒）
-0.3EV曝光补偿 ISO200
49区分割数位ESP测光
白平衡：晴天 JPEG

福田健太郎
FUKUDA KENTARO

索尼α77
70-200mm F2.8G
光圈优先自动曝光（F8 1/200秒）
-1EV曝光补偿　ISO200
多区分割测光　白平衡：日光
JPEG

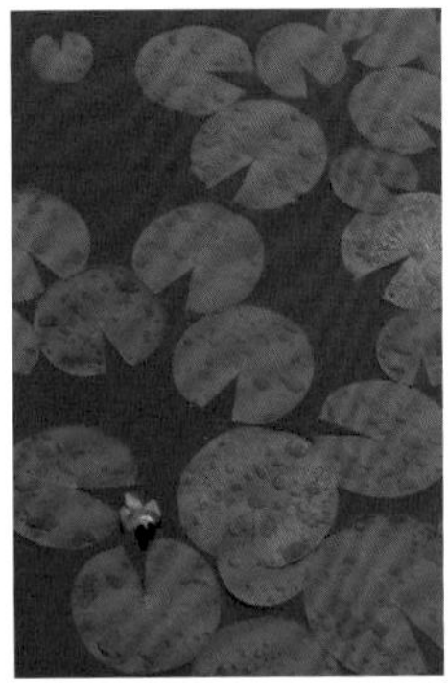

索尼α55
70-200mm F2.8G
F8 0.8秒　ISO1600
多区分割测光　白平衡：白炽灯
JPEG

索尼α900
70-400mm F4-5.6G SSM
F8 1/500秒　+0.7EV曝光补偿
ISO200　多区分割测光　白平衡：日光
JPEG

奥林巴斯E-5
ZUIKO DIGITAL ED 12-60mm F2.8-4.0 SWD
光圈优先自动曝光（F14 4秒）
-0.7EV曝光补偿　ISO100
49区分割数位ESP测光
白平衡：晴天　JPEG

01 曝光的基本知识

01 照片的亮度由光圈和快门共同决定

通过光圈和快门控制进入数码相机的光亮

照片的亮度（曝光程度）是通过名为CMOS或者CCD的图像感应器来决定的。如果感应器检测到的光量适度，那照片就会真实再现当时的亮度。如果光量较少（曝光不足），照片就会比较暗沉；相反，如果光亮过多（曝光过度），照片就会过于明亮。

曝光程度的调节方式基本上是由光圈值与快门速度来一同决定的。就如右面的列表所示，同样的亮度可能对应不同的组合方式。这就是决定曝光程度的困难所在，当然也是多种组合的来源。

为了真正理解曝光的原理，我们在摄影时不要依赖数码相机的全自动模式或者P模式（Program AE）。可以的话，应该使用数码相机的Av/A模式（光圈优先自动曝光）、Tv/S模式（快门速度优先自动曝光）等，在尝试自主调节光圈与快门的组合之后再进行拍摄。

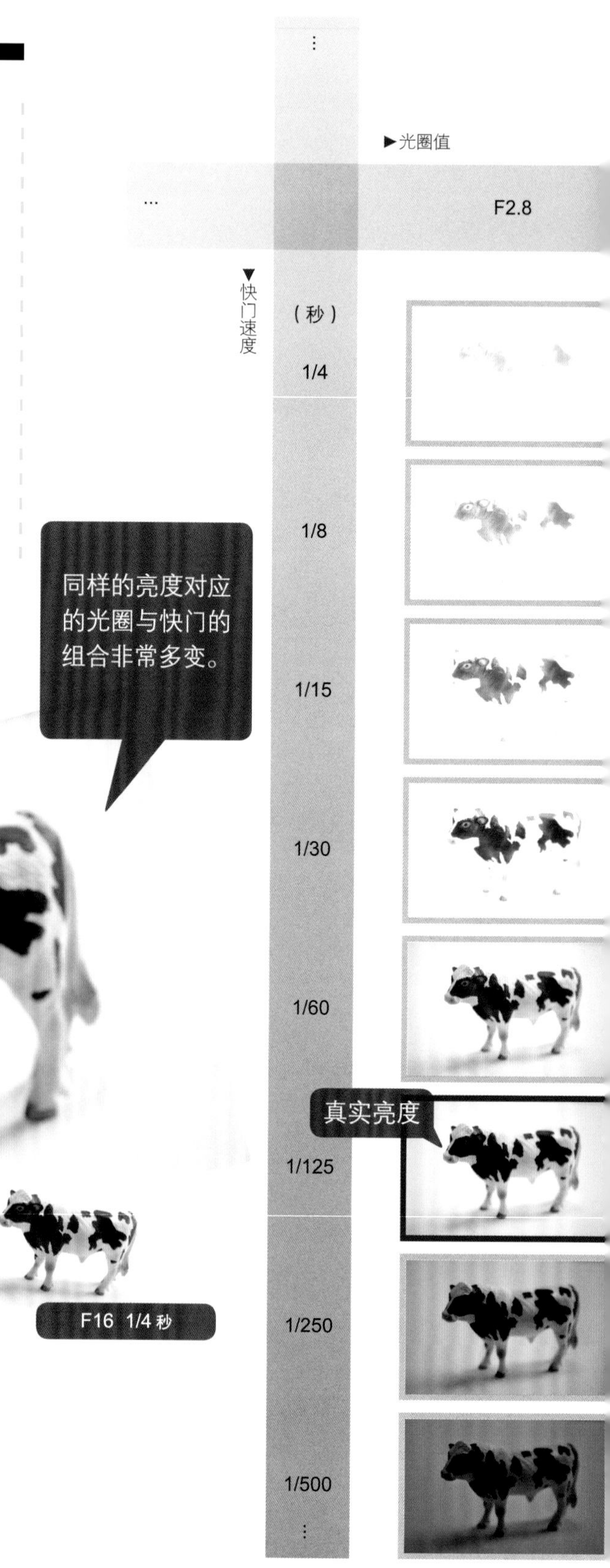

F5.6 1/30秒

F4 1/60秒

F11 1/8秒

F16 1/4秒

F2.8 1/125秒

F8 1/15秒

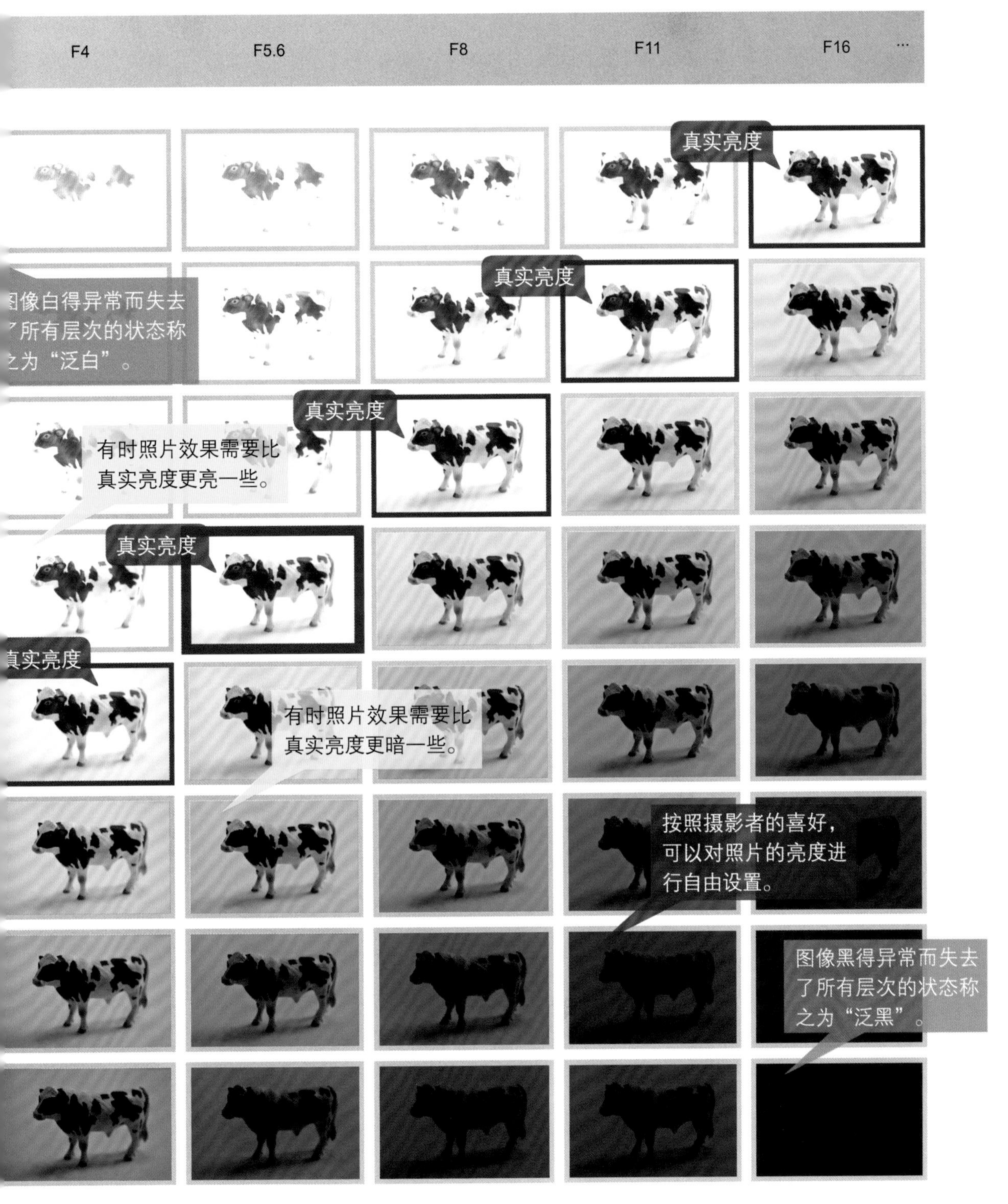
F4
F5.6
F8
F11
F16
…
真实亮度
真实亮度
图像白得异常而失去了所有层次的状态称之为“泛白”。
真实亮度
有时照片效果需要比真实亮度更亮一些。
真实亮度
真实亮度
有时照片效果需要比真实亮度更暗一些。
按照摄影者的喜好，可以对照片的亮度进行自由设置。
图像黑得异常而失去了所有层次的状态称之为“泛黑”。

02 光圈值可以控制照片的虚化程度

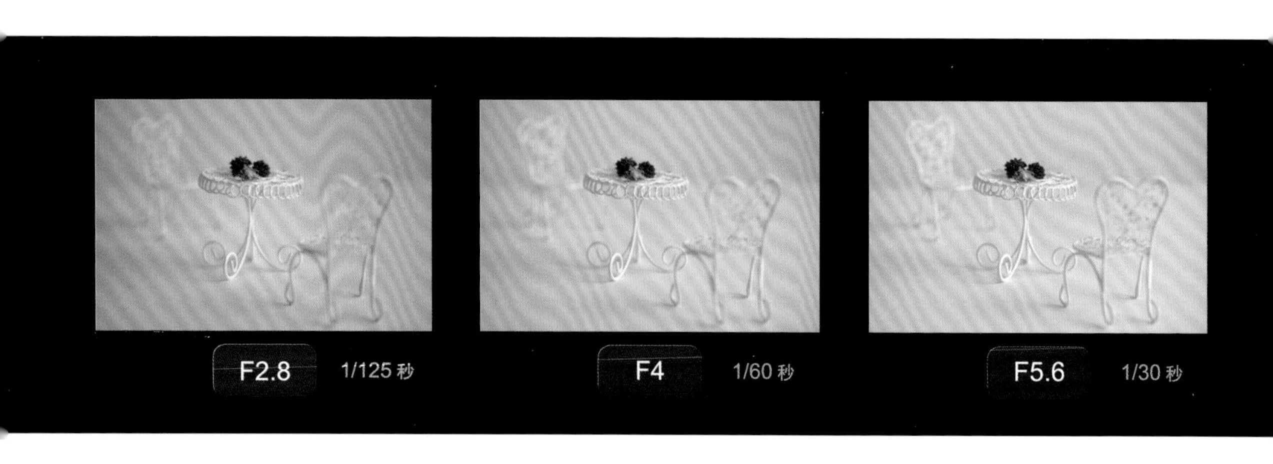

控制对焦的范围和虚化

上面展示的6张照片的焦点都在桌子上，不过各自的光圈值却不尽相同。放大光圈拍摄时即为左端的F2.8的效果。仔细观察这张照片就会发现，桌子前后的椅子都发生了虚化；相反，缩小光圈拍摄时即为右端的F16的效果。这张照片中，桌子和椅子都比较清晰。通过这个对比我们不难发现，光圈不仅可以调整照片的整体亮度，还可以根据所设定的数值来控制对焦的范围（景深）。在拍摄摄影作品的时候，光圈的第二个作用尤为重要。也就是说，放大光圈则更容易虚化前后景，而缩小光圈则对焦范围更大。只要掌握了这个基本原理，就可以轻松地拍摄出具有活力和张力的摄影作品。

为了自由地选择光圈值，控制景深，我们可以将单反数码相机的曝光模式设置为Av/A模式（光圈优先自动曝光）。在此模式下，可以旋转主指令拨盘、模式拨盘等来选择摄影者喜好的光圈值，而快门速度则会自动地发生相应的变化。在调整照片亮度（曝光程度）的时候，可以通过曝光补偿功能（P32）来实现。

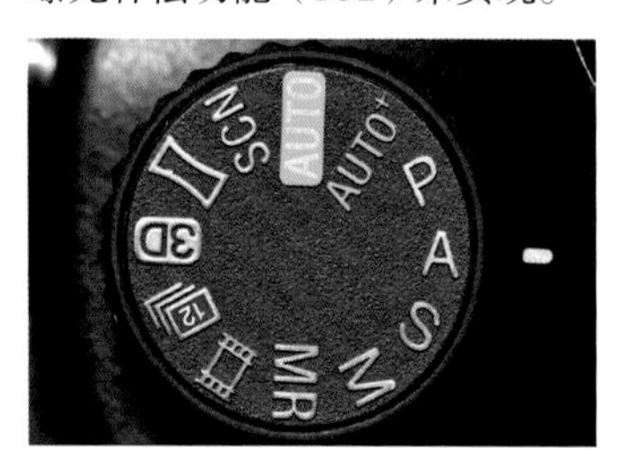

朦胧的柔美感☞ F2.8

清晰的棱角感☞ F11

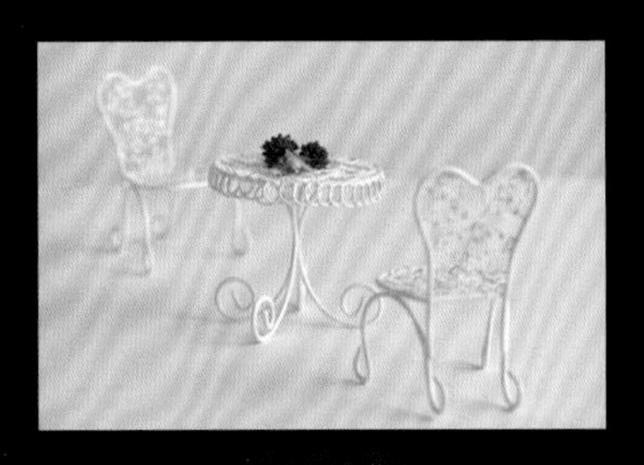

F8 1/15秒

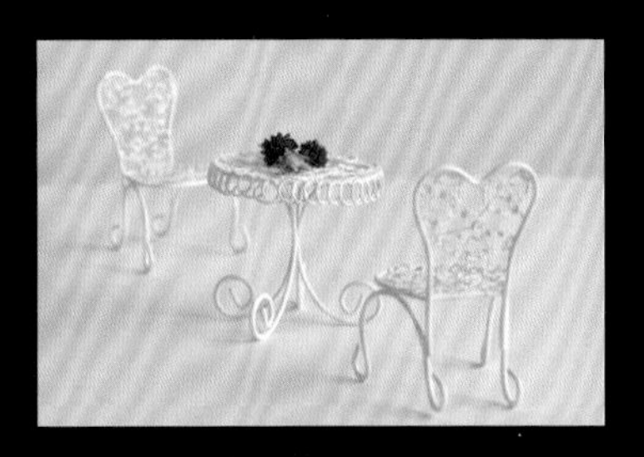

F11 1/8秒

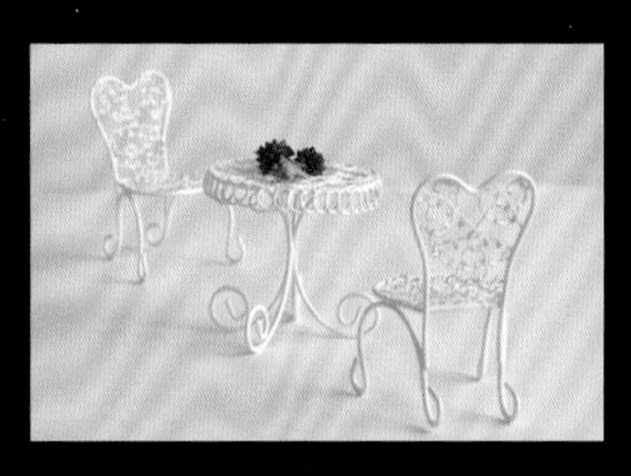

F16 1/4秒

广角镜头比较难以虚化，而长焦镜头则比较容易虚化

F2.8

F8

F22

■上面3张照片的光圈值都不相同，但效果却几乎相同。如果将它们都放大到A3纸大小就会发现它们的巨大差异了。广角镜头的虚化效果并不明显，所以景深的差别也不易辨别出来。

注意焦点虚化和抖动

■在缩小光圈的时候，我们必须要相应地降低快门速度。这样的话，相机和被拍摄物都可能发生抖动。相反，如果增大光圈，快门速度就会相应提升，发生抖动的概率会降低。但是，这种情况下景深可能变浅，整个照片都可能失去焦点。所以，不管是缩小还是增大光圈，我们都要检查对应的快门速度，减少焦点虚化和抖动的发生。

焦点容易虚化

F2.8

容易抖动

F22

03 通过控制快门速度来展现动态

1/2000秒

1/500秒

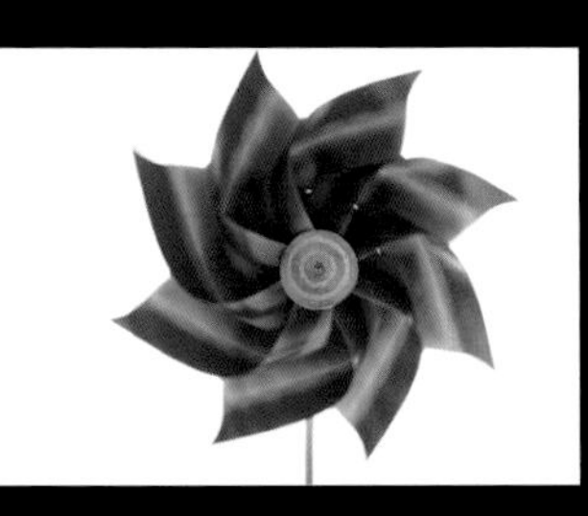

1/125秒

关注快门速度

拍摄风景照的时候，我们一般不会去关注快门速度，其实这种做法是错误的。原因主要有两个：

一、快门速度可以防抖。例如，在有微风的时候，花朵会在风中摇曳生姿，那么自然就可能发生被拍摄物的抖动。如果在摄影前注意到了快门速度，那么就可以防患于未然了。

二、快门速度会影响到照片效果。例如上面为大家展示的6张照片，在改变了快门速度之后，就可以拍摄到风车在微风吹拂下的不同状态。从左往右，抖动的发生越加明显，大概从1/8秒开始，风车的整体轮廓已经不够清晰了，之后就融为了一体。正如6张照片展示的那样，高速的快门可以让运动的物体瞬间静止，从而拍摄出其“强有力”的一面；相反，低速的快门可以展现出运动物体的流畅，从而获得只有摄影才能表达出的效果。

如果我们想要更改快门的速度，那么就最好将数码相机设置到Tv/S模式（快门速度优先自动曝光）。不过，哪怕相机处于拍摄风景等的Av/A模式下，只要我们实时关注取景器上表示的快门速度，有时也没有必要一定得切换到Tv/S模式。

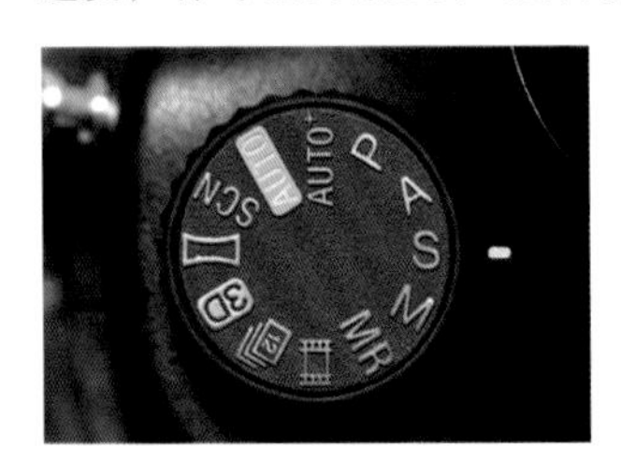

1/1000秒

怎样才能让运动的物体瞬间“静止”？
提高快门速度。

第一步：尽量在较为明亮的环境内摄影。

第二步：将光圈值设定为F2.8等，也就是说尽量放大光圈。

第三步：提高ISO感光度。

1/30秒

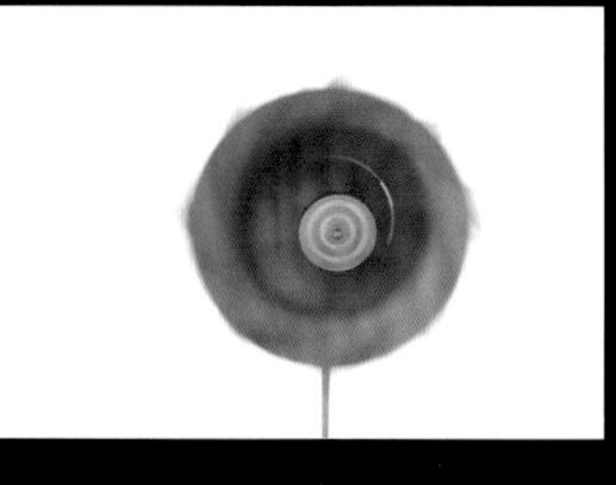
1/8秒

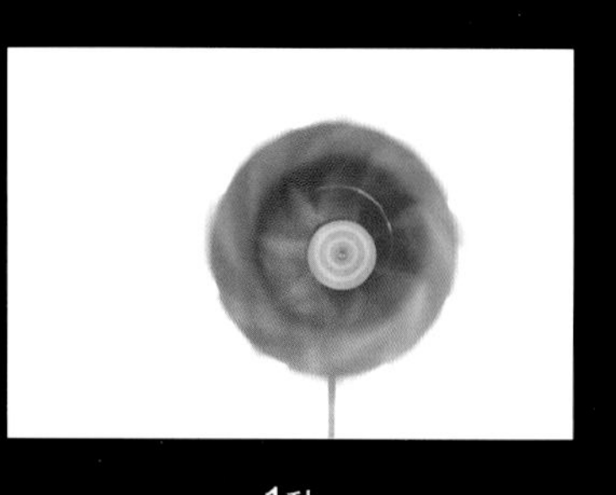
1秒

2.5秒

怎样才能表现运动的流畅?
减缓快门速度。

↓

第一步：尽量在比较昏暗的环境内摄影。

↓

第二步：将光圈值设定为F16等，也就是说尽量缩小光圈。

↓

第三步：降低ISO感光度。

↓

第四步：使用ND滤光镜等。

ND滤光镜

ND（减光）滤光镜对于降低快门速度有非常显著的效果。它就好比纯黑色的太阳眼镜一般，只要安装到相机的镜头上就可以很大程度地减少光量。ND滤光镜根据滤光镜的深浅可以分为好几种类型，在具体的摄影环境中应该采用不同的ND滤光镜。例如，在某环境下，相机的快门速度只能降到1/8秒，那么我们就可以采用-3EV减光镜来将快门速度实际降低到1秒。现在市面上还有深浅度可调节的ND滤光镜，这无疑牢牢抓住了摄影爱好者的眼球。此外，还有许多特殊的滤光镜，例如半透明的ND滤光镜等。

滤光镜的型号与光量减低的关系

ND2（0.3）→1EV减光
ND4（0.6）→2EV减光
ND8（0.9）→3EV减光
ND12（1.2）→4EV减光

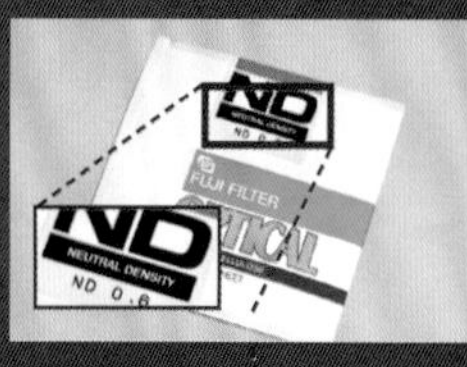

滤光镜上往往用诸如ND8或者0.9等数字来表示型号（滤光镜的深浅）。

可调节深浅的便携滤光镜

肯高图丽
（Kenko Tokina）
BARIABURU NDX

04 通过ISO感光度来调控曝光程度

使用低感光度，保持画面的高品质

照片的亮度（曝光程度）是由光圈值和快门速度来共同决定的，不过，ISO感光度也会对照片的亮度产生很大影响。

例如，有时候将光圈完全打开了也只能获得1/60秒的快门速度，可是，如果想要将快门速度进一步降低到1/500秒，这就需要借助ISO感光度的帮助了。例如，如果最开始的感光度是ISO100，那我们就可以调整为ISO200、ISO400、ISO800等，采用这种方式就可以将快门速度从1/60秒提高到1/125秒、1/250秒、1/500秒。

但是，提高ISO感光度带来的副作用就是“噪点”。噪点随着数码相机技术的革新已经得到了很大程度的解决，但是当ISO感光度超过1000的时候，仍然要引起注意。如果摄影者想要获得照片的高品质，那就不得不降低ISO感光度了。如果对照片品质没有要求，可以尽可能地加快快门速度。如果有三脚架，那就没有必要提高ISO感光度了。

在拍摄风景的时候，摄影界有一个基本法则，即应使用ISO100或者ISO200拍摄，不得已的情况下才提升ISO感光度。

ISO100

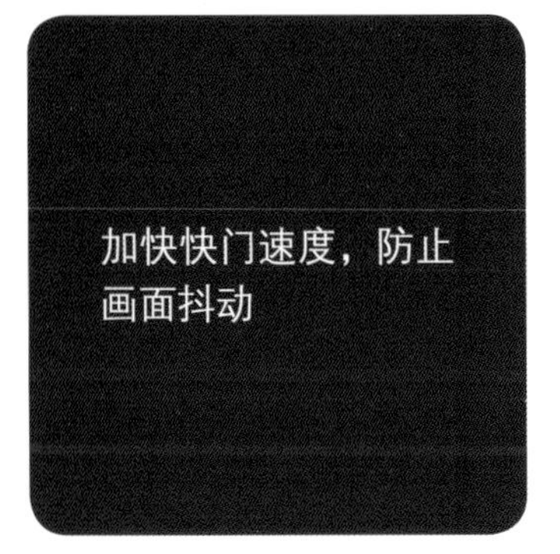

ISO1000

大于ISO1600时噪点突显

■在ISO800左右的感光度下，照片的画质几乎不会受到影响。不过，大于ISO1600时，照片中就可能会出现红色的噪点，画面的清晰度也就下降了。到了ISO3200时，画面的色彩将发生紊乱。相机不同，出现噪点的情况也不太一样，所以，摄影时一定要多加尝试，了解自己相机噪点发生的情况。

降噪功能与锐度的关系

■在高感光度下拍摄，相机往往会自动地进行降噪（NR）。正因为降噪功能的产生，才让相机可以在高感光度下拍摄出自然的照片。可是，降噪功能在发挥功效的过程中可能会破坏掉图像的锐度和层次，最终让其沦为没有任何特色的照片。一般数码相机都可以对降噪功能进行单独设置。

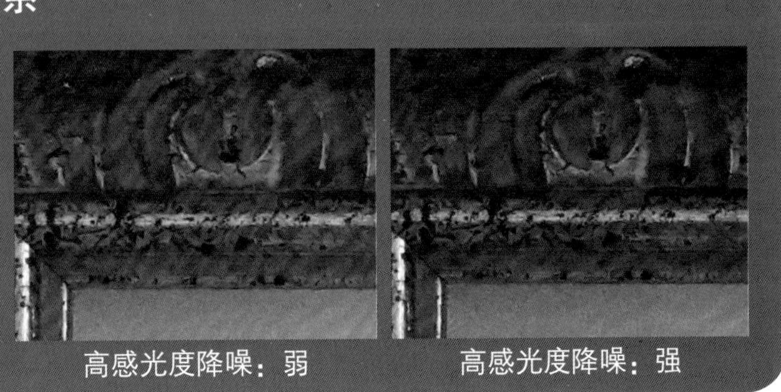

高感光度降噪：弱　　高感光度降噪：强

05 通过曝光补偿功能来控制亮度

曝光补偿不仅能真实场景再现，还可以用来加强摄影意图

在光圈优先自动曝光（Av/A）或者快门速度优先自动曝光（Tv/S）模式下摄影时，光圈值或者快门速度都可以通过摄影者自行控制，可是，最终的曝光结果（光圈与快门的组合）却是由相机自动决定的。因此，如果摄影时不加以任何其它设置，那么最终的拍摄效果就可能过于明亮或者过于暗沉，没有办法再现当时的真实场景。

此外，摄影还是反应摄影者拍摄意图的重要途径。例如，有时我们想要让照片的效果看起来比真实场景更加轻柔。不过，即使是最新型的数码相机也不可能读懂摄影者的意图，所以，我们需要使用曝光补偿的功能来达到这一目的。

曝光补偿的设置方法非常简单。所有的数码相机上都有“曝光补偿”的选项。在进入了曝光补偿的菜单之后，就可以通过模式转盘等来设置具体的曝光补偿数值了。如果想要提升照片的亮度，可以使用+0.5EV、+1EV等曝光正补偿。而如果想要降低照片的亮度，可以使用-0.5EV、-1EV等曝光负补偿。朝着更加明亮的方向调节称之为“曝光正补偿”，朝着更加暗沉的方向调节称之为“曝光负补偿”。关于曝光补偿的具体知识可以参阅第三章和第四章的实例说明。

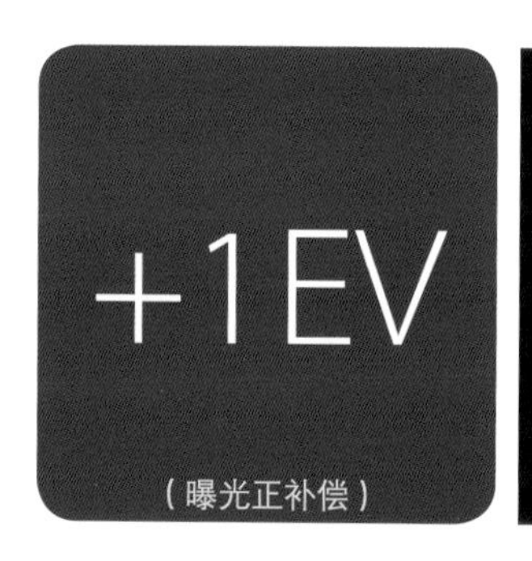

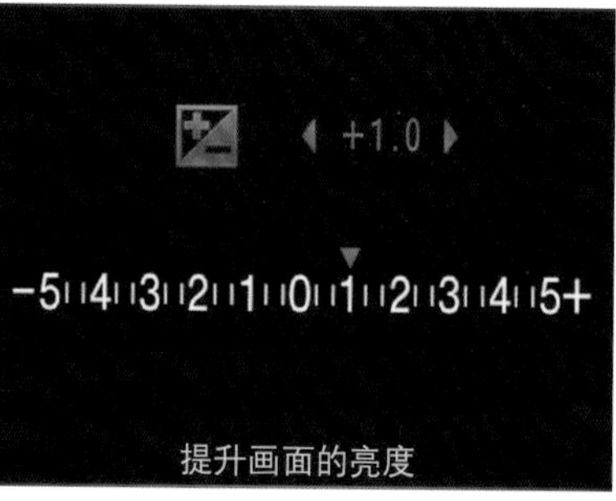

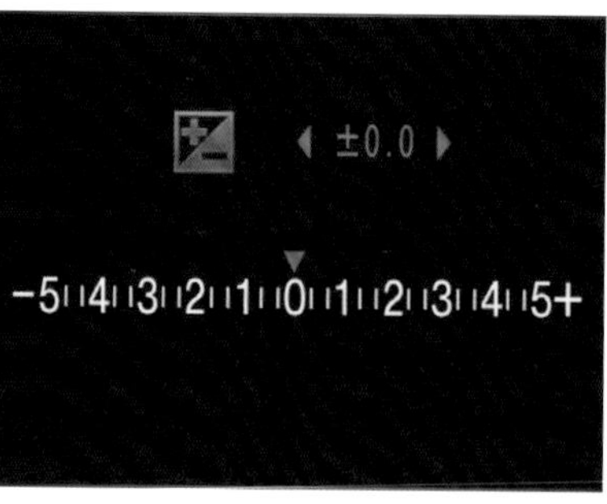

曝光补偿的数值根据被拍摄物的颜色不同而不同

■例如，在拍摄黄色花朵的时候，要想真实再现其色彩，就需要使用+1.5EV的曝光正补偿。当然，哪怕都是黄颜色，也要考虑具体的深浅、材质、光源等。不过，我们一定要记住：曝光补偿的设定需要参照具体被拍摄物的颜色来决定。

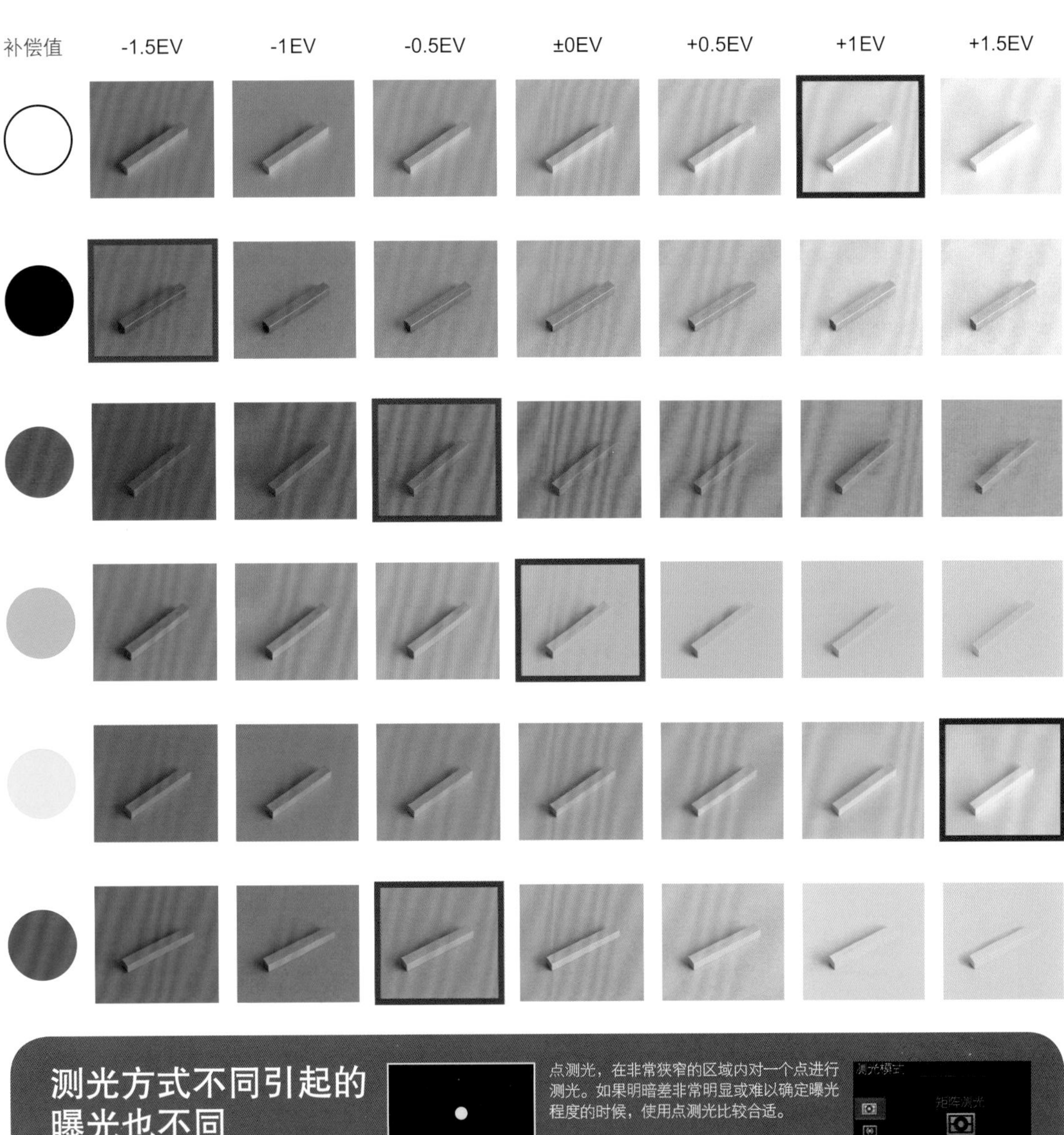

测光方式不同引起的曝光也不同

■数码相机测量被拍摄物亮度的方法主要有“矩阵测光”、“中央重点测光”和“点测光”三种。不同品牌的相机可能会有不同的称呼方式，但大体来说，单反相机中都有这三种测光方法。默认设置往往都是矩阵测光，所以摄影者应该根据需要对测光方式进行更改。

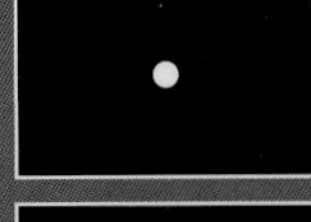

点测光，在非常狭窄的区域内对一个点进行测光。如果明暗差非常明显或难以确定曝光程度的时候，使用点测光比较合适。

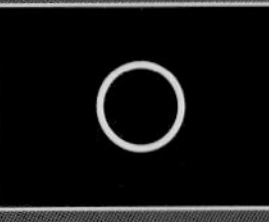

中央重点测光，重点对画面的中央部分（这部分区域往往有主要的被拍摄物）进行测光。相对于矩阵测光来说，这种方式比较容易把握。

矩阵测光，不同品牌的相机有各自不同的算法，由此计算出具体的曝光值。矩阵测光的作用主要就是让摄影者可以不对曝光程度进行修改就得到理想的照片，但是，实际上仍然需要摄影者进行曝光补偿。有的矩阵测光模式可以与对焦相互配合发挥作用。

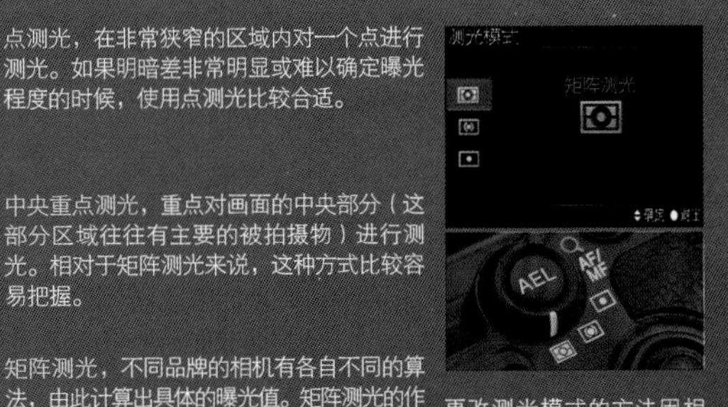

更改测光模式的方法因相机不同而不同，主要有两种方法。一是在相机上直接通过按钮的调节来更改；二是在液晶屏的设置菜单中进行更改。

包围曝光摄影，磨练对曝光的掌握能力

不要轻信相机液晶屏幕的展示效果

要想一次性就拍摄出曝光程度令人满意的照片可不是一件易事。而相机液晶屏幕上显示出来的曝光效果也不可轻信。在不同的光亮程度，液晶显示屏的效果也不尽相同，而且，液晶显示屏也并不可能完全再现真实的色彩和亮度。结合直方图（P42）可以检查曝光程度，但在摄影的时候，我们不一定有那么多时间来完成这项耗时的任务。假设液晶显示屏真的可以完美地再现真实场景，摄影者有时也会对曝光效果产生怀疑，当下并不一定就能确定那是自己想要的效果。

包围曝光摄影为我们解决了这个难题。通过这个功能可以拍摄出曝光补偿程度各不相同的照片。例如，将包围曝光摄影设置为“不补偿、+0.5EV、
-0.5EV”的话，那么在按下快门之后，曝光补偿数值就会发生改变，从而获得曝光程度完全不同的3张照片。有的单反数码相机可以按一次快门就自动获得3张不同曝光值的照片。

采用包围曝光摄影的方式可以让我们回到家之后再选择最佳的曝光效果。同样的场景和构图多次拍摄，不仅可以增加获得满意曝光度照片的机率，还可以防止一些偶然性的摄影失误的发生。说到底，包围曝光就是让摄影者更加安心的一种功能。大家在平时摄影的时候，也不妨养成每次多拍摄几张同样场景、同样构图的照片的习惯。

包围曝光基本分为3段式

■在逐渐熟悉了摄影技艺之后，我们会对不同的拍摄场景和被拍摄物产生更深的理解，从而会有一个自己认为理想的曝光设定。那么，以这个理想的曝光数值为中心，向上和向下分别加减0.5EV，使用包围曝光摄影的方式来获得3张照片即可。

对曝光程度没有想法的时候，采用5段式包围曝光摄影

■摄影时需要考虑的要素非常多，我们有时无法对所需的曝光程度进行判断。此时，我们可以以±0EV为基准，向上和向下以0.5EV为单位来增加和减少曝光补偿，从而获得5张照片。然后通过相机查看拍摄效果，如果没有满意的照片，那么就根据已拍摄出得效果比较理想的照片的曝光程度为中心，再次进行包围曝光摄影。

需要精准地调节曝光时，以0.3EV为单位包围曝光摄影

■在拍摄色彩简单的画面时，我们更需要追求画面的层次感。这时，可能就需要精准地调节曝光程度，那么，包围曝光的单位就可以设置为0.3EV，然后依此为基准获得3张照片。

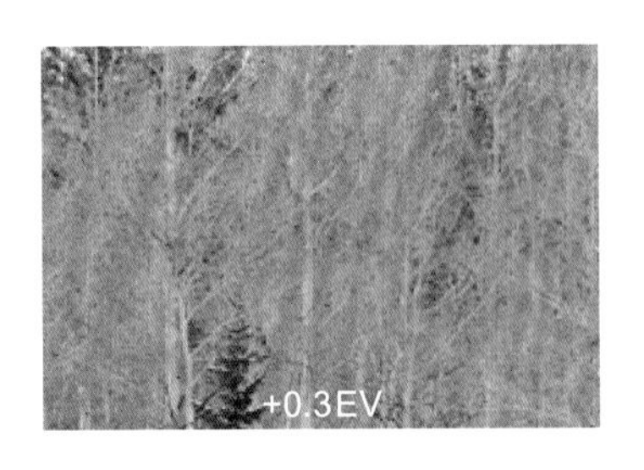

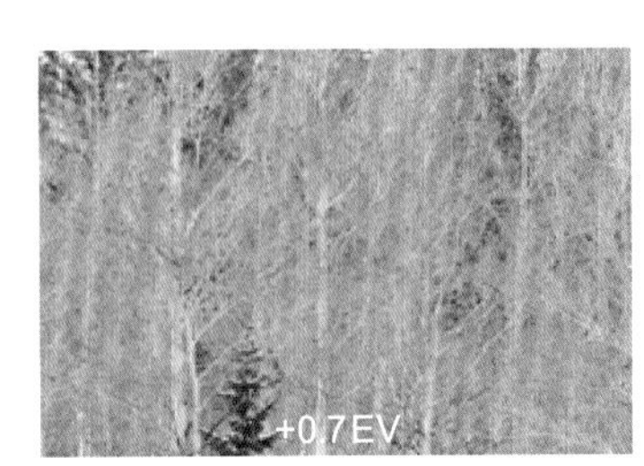

学习表现拍摄意图时需要多练习

■摄影时练习采用多种设置的组合可以获得不同的拍摄效果，为了获得崭新的视角更要多练习曝光，说不定从中会有意外的收获哟！

-2EV

-1.3EV

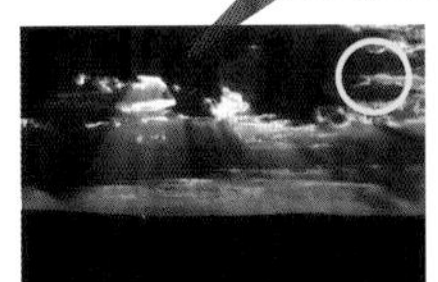

-0.7EV

±0EV

+0.3EV

+0.7EV

+1EV

+1.7EV

+2.3EV

+3EV

采用不同的曝光程度摄影，可以进行后期的HDR合成

■对于明暗对比比较强烈的场景来说，要通过一张照片就展现出从明亮到暗沉的层次过渡几乎是不可能的。如果着重表现明亮的部分，那么暗沉的部分就可能会泛黑；同理，如果着重表现暗沉的部分，那么明亮的部分就可能泛白。针对这种情况，最好的方法就是分别拍摄两张照片，然后通过电脑的HDR合成。具体方法请参照P172。

+ =

明月当空

井村淳

佳能EOS 5D Mark Ⅱ
EF28-135mm F3.5-5.6 IS USM
光圈优先自动曝光（F11 1/3秒）不使用曝光补偿
ISO100　中央重点平均测光　白平衡：日光

佳能EOS 5D Mark Ⅱ
EF70-200mm F2.8L IS USM
光圈优先自动曝光（F8 1/2秒）
-1.3EV曝光补偿
ISO100 中央重点平均测光
白平衡：日光

佳能EOS 5D Mark Ⅱ
EF70-200mm F2.8L IS USM
F8 1/10秒
ISO100 中央重点平均测光
白平衡：日光

月有阴晴圆缺。满月时月球处于太阳的反面，而新月时月球则处于靠近太阳的位置上。从新月到下个新月还有一定的变化空间，所以“新月”这个词也不知道是否准确……

日出东方朦朦亮，而月牙还与群星恋恋不舍地残留在天空中。没有进行曝光补偿（以天空中较明亮的部分为基准测光）后得到了一张效果很好的照片。接下来拍摄的这张照片只取月牙和群星入镜，在不施加曝光补偿的情况下，月亮有些泛白，而整体环境如白天一般明亮。

为了找到适合的曝光程度，先使用了曝光负补偿，最后采用的是-1.3EV。虽说月亮仍然有泛白的现象，但却照出了地球反光的感觉（照射到地球上的太阳光反射到了月球的阴暗部分，由此得到了一个模糊的月球整体图）。

这样的拍摄效果更激发了我的兴趣。

如果以新月为主题来拍摄周围风景的话，是不需要进行曝光补偿的。如果要拍摄出地球反光的效果，那就可以使用-1.3EV的曝光补偿。那么，如果只是要拍摄新月本身，使用什么样的曝光补偿比较合适呢？

使用曝光补偿功能可能会有一定的局限性，最终需要在手动模式下降低曝光来对比效果。最终发现，相对于不使用曝光补偿，使用-4EV的曝光补偿能够最清晰地展现出新月的样貌。

新月悬空，通过“不使用曝光补偿”、“-1.3EV曝光补偿”和“-4EV曝光补偿”得到了完全不同的三种效果，这不正是摄影让人着迷的地方吗？而它们表达出的不正是摄影者当下的摄影意图吗？通过这件小事，我再一次感受到了曝光对摄影的巨大影响。

02 灵活运用直方图

01 不可靠的液晶屏照片回放

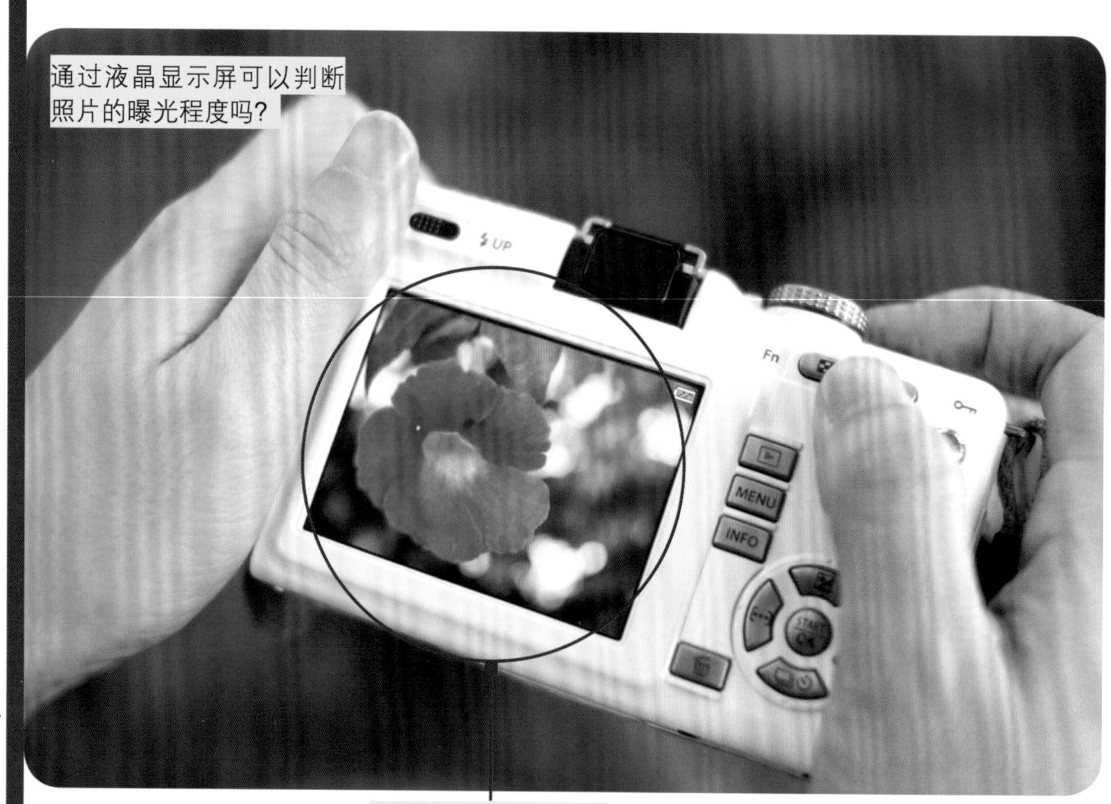

数码相机的液晶显示屏并不适合确认曝光程度

现在的数码相机都具有实时显示的功能，不仅可以在摄影之后回放查看，还可以在摄影时配合液晶显示屏一同使用。此外，对于单电数码相机来说，由于不具备光学取景器，所以在造型方面就更突显了液晶显示屏的重要性。

不过，如果通过液晶显示屏来判断曝光程度的正常与否是很不可靠的。使用数码相机的摄影者都知道，液晶显示屏在室外强光下使用时往往看不清楚，而在比较昏暗的地方使用时又过于耀眼。也就是说，查看液晶显示屏的场所不同，我们看到的明亮程度也不尽相同。所以说，通过液晶显示屏来查看曝光程度的做法并不可靠。

如果我们过分地依赖液晶显示屏上看到的曝光效果，很有可能会错过一些真正的好作品。如果是在液晶显示屏上查看照片，不满意就直接删除的话，那就更有可能永远失去好作品了。

有人会说“有液晶屏就可以查看效果了”“能在暗处看照片真好”“调整一下液晶屏的亮度不就好了嘛”。可是，液晶屏的显示效果不仅受到外部光源的影响，还会被其本身的发光强度所左右。而且，屏幕亮度的设置也没有一个标准值，用于判断曝光的好坏实在是很勉强。所以，数码相机的液晶显示屏对于确认对焦、构图来说很有用。可是，它并不适合用于确认曝光的效果好坏。

那么，我们在摄影的时候应该通过什么方法来确认曝光效果的好坏呢？在数码相机中有一个名为“直方图”的功能，它可以帮助我们从理论上把握曝光效果的好坏。

许多人觉得直方图很难看懂。本章就将针对直方图做出非常详尽的说明，将关于直方图的知识从头到尾地为你一并讲解。

液晶显示屏受到外部光线的影响

明亮的地方暗淡，暗淡的地方明亮

■液晶显示屏的原理是通过背景光而显示出图像，因此，如果外部光源比显示屏本身的背景光强时图像就看不清了。所以，在太阳下时，会经常无法看见液晶屏上的图像。下面为大家展示的几幅图片就是在不同亮度的地方查看到的液晶屏显示效果。在比较暗淡的环境中可以比较清晰地看到液晶显示屏上的图像，但是，这并不代表看到的就是真实的色彩和亮度。在比较明亮的地方，液晶显示屏上的图像就看不太清楚了，而且由于外部光源的影响，还会让画面失去明暗的对比。

实际照片（数据）

光线耀眼的室外

太阳底下的阴凉处

比较昏暗的环境

液晶显示屏的亮度设置不同所呈现的曝光程度也不同

即使液晶屏上的图像清晰可见，也并不代表看到的曝光程度就是真实的效果

■除了外部光源以外，影响液晶屏显示效果的还有内部亮度设置。使用数码相机的时候，我们都会将液晶显示屏的亮度设置到比较清晰可见的程度。可是，怎样才算“清晰”因人而异、因地而异。也就是说，并没有一个绝对的指标下可以查看曝光的真实效果。即使是同一张照片，在不同的液晶屏亮度的设置下也会展现出不同的曝光效果，可能曝光过度，也可能曝光不足。此外，观看液晶显示屏的角度不同也会使对比度发生变化。

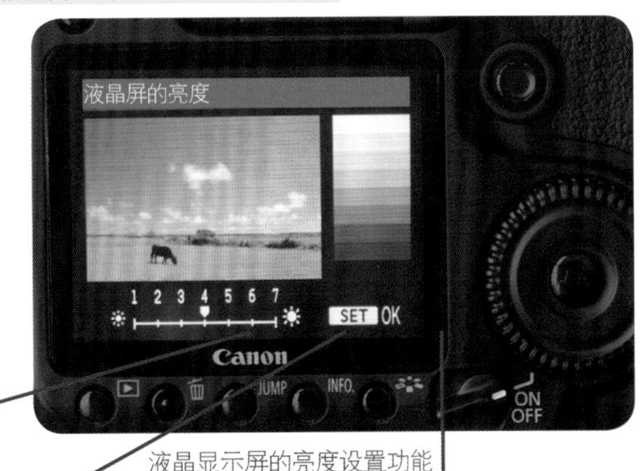

液晶显示屏的亮度设置功能

液晶显示屏亮度最小值

液晶显示屏亮度中间值

液晶显示屏亮度最大值

了解直方图的绘制方法，认识简单易懂的直方图构造和观察方法

同样亮度的像素积累起来的图表就是直方图

简单来说，直方图就是展示亮度分布的图表。数码照片的图像其实是非常微小的“点”的集合，这个点就叫做“像素”。而直方图上纵向分布的正是亮度相同的像素。直方图的左端表示的是最暗的像素，也就是“黑色”；而右端表示的是最亮的像素，也就是“白色”。数码照片是通过256个层次（浓淡）来显示的，即直方图上有256个纵向的直方，从纯黑到纯白依次排列开来，最后形成了犹如山峦一般的效果图。

直方图的种类很多，例如表示RGB（色彩）的直方图中就展现出了R（红色）、G（绿色）、B（蓝色）三种颜色各自对应的直方高度等。虽说统计的标准不同直方图也不尽相同，但是直方图的构造原理和观察方法都是一致的。

直方图最大的优点就是可以正确把握明暗的分布，不受数码相机液晶显示屏的状态、电脑的显示情况等影响和左右。照片的曝光效果并不依赖于摄影者的“感觉”，而是通过有逻辑的图标来表示，从而让明暗程度一目了然。所以说，直方图是数码照片的参数表。

只要记住了直方图的构造原理和观察方法，确认曝光程度就轻而易举了！

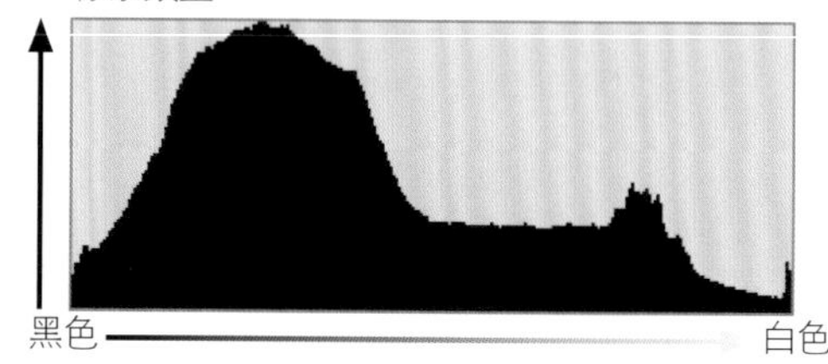

↑上图表示的就是直方图。同样明亮度的像素累积起来组成直方，最后直方再组成犹如山峦一般的图表。通过这个结构可以看出从纯黑到纯白之间的所有像素的分布情况。

数码照片的构造

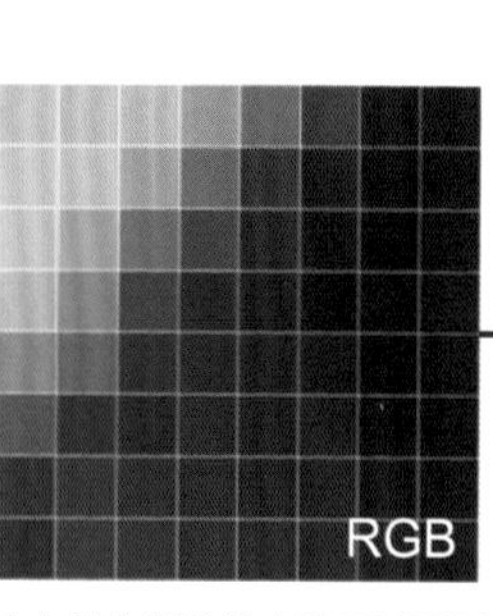

↑如果将照片放大就可以看到这些小方框，它们就是“像素”。彩色图像是通过红色、绿色和蓝色的像素组合在一起形成的。

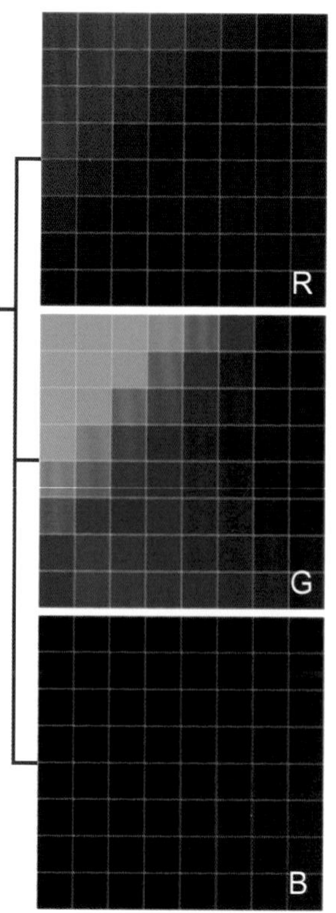

数码照片是像素的集合体

■放大数码照片会看到许多小方框的集合体（像素）。数码相机的像素与这些小方框的数量紧密相连，如果是1000万像素的数码相机，那么像素的数量就有1000万个。

直方图的构造

直方图是由具有共同亮度的像素积累起来的图表

■上一页已经解释了数码照片是由像素构成的原理。具有共同亮度的像素积累在一个直方上，然后这些直方再一同构成直方图。直方图的左侧是较暗的像素，而右侧则是较亮的像素。通过直方图的不同直方高度可以看出不同亮度像素所占的比例。

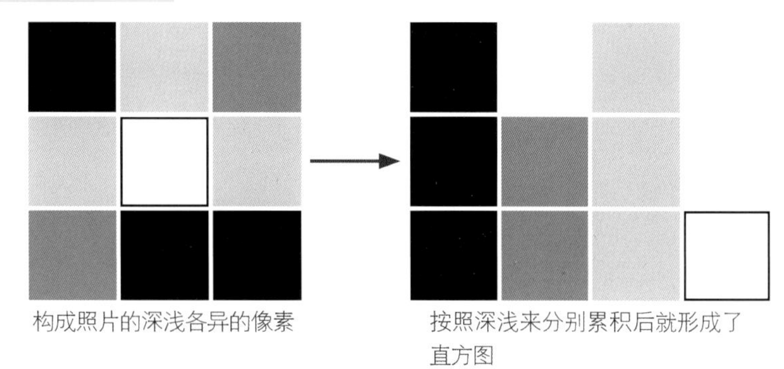

直方图的种类

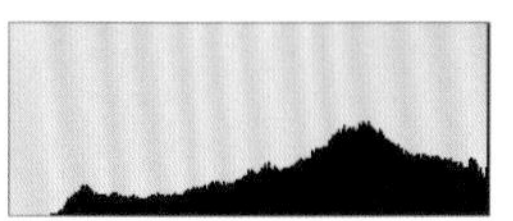

↑查看曝光程度最方便的方法就是观察明度的直方图。上面的这个直方图中，左边有一个区域是空白的，那就意味着这部分是完全没有色彩的黑色。

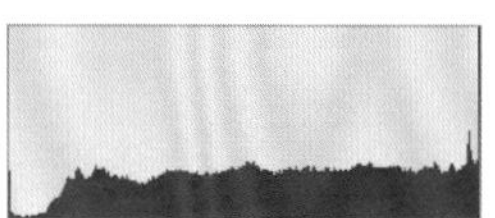

明度与红色、绿色和蓝色的直方图

■直方图中有专门确认有无泛白或者泛黑现象的明度直方图，也有表示色彩构成的红色、绿色和蓝色的直方图。查看风景照片的明度直方图，可以非常容易地判断出曝光的程度。而对于微距摄影等十分注重色彩层次的情况下，查看3种颜色的直方分布情况则更加有效。如果观察每个颜色的直方图，就更加容易看出该颜色的实际拍摄情况，例如，可以判断出蓝色的层次感是否丰富等。

03 有了直方图，曝光再也不是难题！使用直方图指导自己的摄影吧！

使用直方图确认泛白和泛黑的情况

首先要更改数码相机的设置，让其显示出直方图。有的机型在摄影的时候就直接针对被拍摄物显示出实时的直方图变化。在摄影的时候，参照直方图的形状来决定曝光程度，这样就不会受到液晶显示屏的亮度影响了，自然就可以找到最适合的曝光程度了。

在摄影时或摄影后，都要使用直方图来查看是否有泛白或者泛黑的现象，以确认拍摄的成功与否。例如，如果直方图的右端有一定的高度，就说明有白色的像素，也就是说有泛白的现象了。此外，右端越高就说明泛白的范围越大。同理，泛黑的情况通过直方图的左端就可以确认了。

为了让大家一目了然，我们使用的示例是一座山样子的直方图。而实际上的直方图可不仅只有一座“山峰”了，具体应用时我们可以通过山峰整体的重心来判断照片的明亮程度。如果山峰的重心在左侧（较暗的像素更多），说明画面较暗沉，反之则说明画面较明亮。

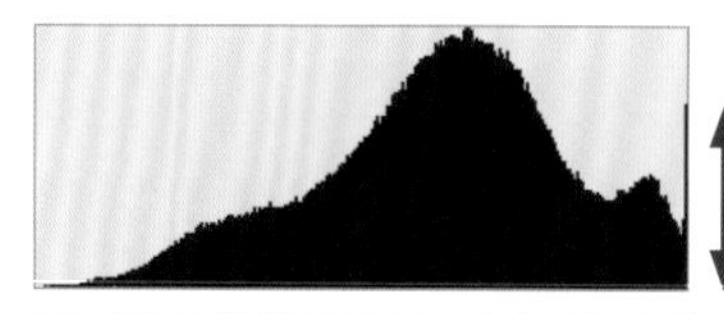

有白色的像素即有泛白的情况

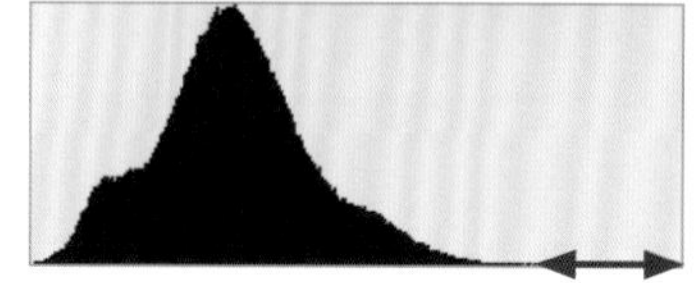

没有白色的像素即明亮度不够

↑泛白的情况可以通过直方图的右端图像（泛黑则是通过左端图像）查看。如果右端的直方有一定的高度，就说明有泛白的现象。如果右端有部分区域没有直方图，那就说明照片亮度不够。

直方图与曝光的关系

曝光不足的状态

重心偏左

曝光正常的状态

重心靠中间

曝光过量的状态

重心偏右

低对比度的状态

左右两端有空隙

高对比度的状态

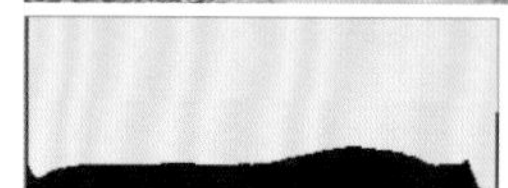

比较平缓且左右都有较高直方

记住直方图的大概形状来帮助摄影

■直方图的形状与曝光程度有着密切的关系。只要记住了这个特性，就可以帮助我们在摄影时掌握明暗程度。为了更快更准确地读出直方图，我们要在平时就养成查看直方图的好习惯。

参考直方图，决定曝光程度

参考山峰形状进行曝光补偿

■首先需要考虑的是曝光程度。参照上一页讲的直方图与曝光程度的关系，只要将曝光补偿到符合理想中直方图的形状就可以了。数码相机使用曝光正补偿，直方图中的山峰就会向右靠；使用曝光负补偿，直方图中的山峰就会向左靠。

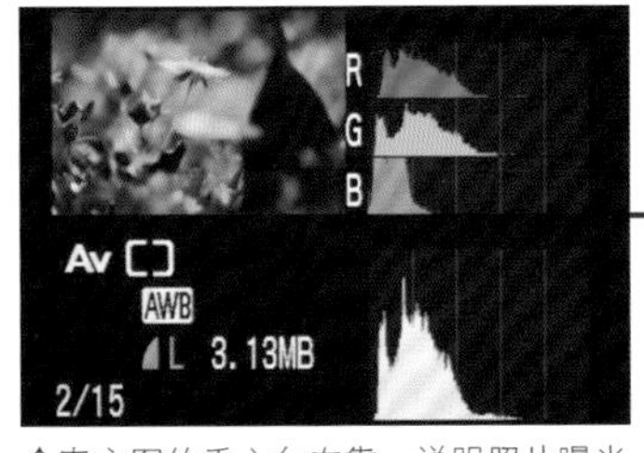

↑直方图的重心向左靠，说明照片曝光不足。

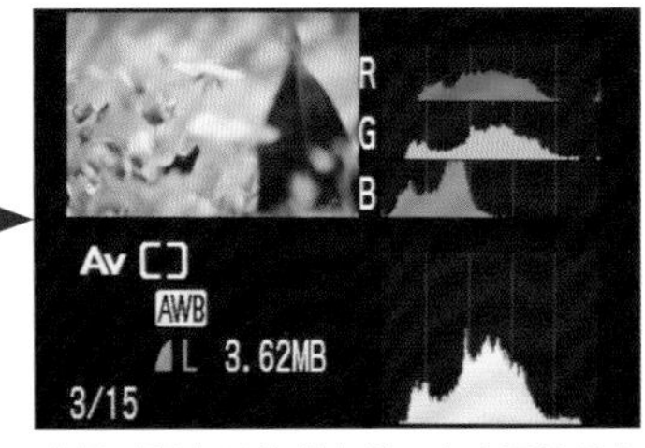

↑通过曝光正补偿之后，直方图的重心到了中间的位置。

防止泛白或泛黑的摄影技术

通过直方图的右端确认泛白现象

■如果直方图的右端比较高（山峰高耸），说明有比较明显的泛白。此时，可以用数码相机的曝光补偿功能来进行曝光负补偿解决这个问题。当然，如果照片效果看不出来泛白也就不用太在意了。

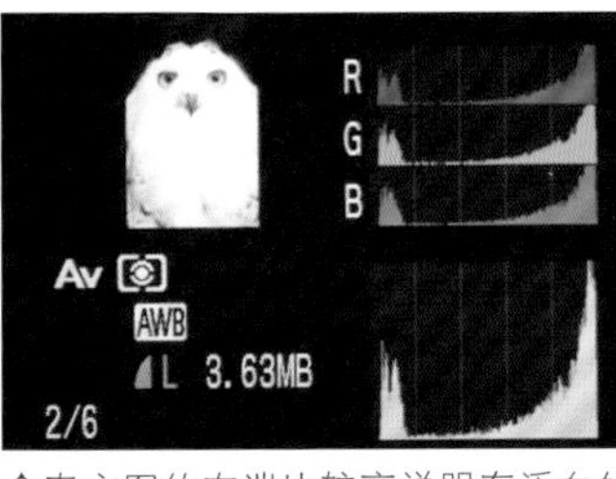

↑直方图的右端比较高说明有泛白的现象。

↑通过曝光负补偿之后，直方图的右端高度明显降低了。

通过直方图的左端确认泛黑现象

■如果直方图的左端比较高，说明有比较明显的泛黑。此时，可以使用数码相机的曝光正补偿进行修正，不过，泛黑往往并不如泛白一样引人注目，所以也不是大问题。不过，如果以后要修片或者拍摄的是RAW图像，那就要避免泛黑现象。

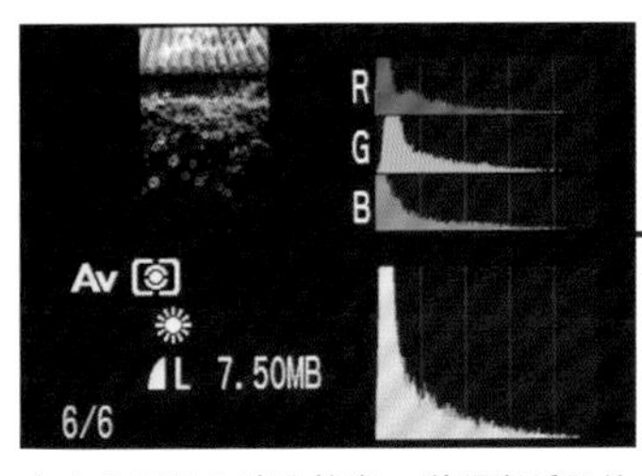

↑直方图的左端比较高，说明有泛黑的现象。

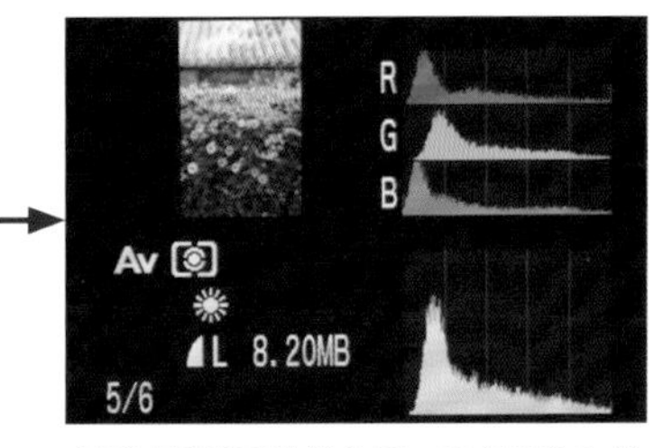

↑通过曝光正补偿之后，直方图的左端高度明显降低了。

红色、绿色、蓝色部分的泛白和泛黑可以忽略吗?

问题不明显就算是“没问题”

■在红色、绿色和蓝色的直方图分别表示的时候，其中一个颜色的直方图形状可能会比较奇怪，但这个问题不用太在意。当然，如果是微距摄影，因为需要非常重视层次感，所以不能忽略直方图的细节。但对于拍摄风景照片来说，这并不会影响视觉效果。如果因为太过于在意某一种颜色上的泛白或泛黑现象，而通过曝光补偿对此进行修正的话，反而可能会影响到最后的效果。

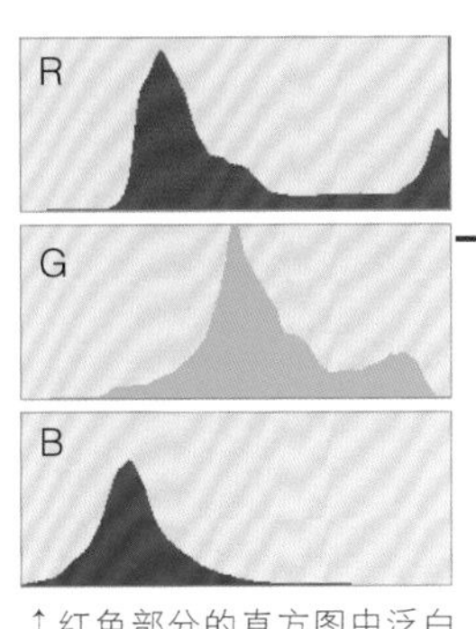

↑红色部分的直方图中泛白的现象（右端较高）。

在花瓣的部分完全没有了任何红色的痕迹，但这完全可以看作是花朵原本的颜色，所以不必太在意直方图。

关于光线衍射引起的虚化

福田健太郎

缩小光圈而产生的衍射现象

在F8的光圈值设置下，比较容易展现出高画质的锐度。F22的光圈值已经是这台相机的最大光圈值了。放大画面就会发现，在F22的光圈值下摄影，画面的锐度已经散失殆尽了。

↑F22光圈值

↑F8光圈值

当数码相机的光圈值调整到最小的时候，由于光线的衍射现象会降低图像的解像力，从而还会影响到锐度。光线的衍射现象也可能使画面出现小范围的虚化现象。

衍射现象在光圈值调整到最小的时候比较容易发生，有时稍微放大一挡光圈值仍然会有衍射现象的残留。在拍摄高画质的风景照时，我们要对衍射现象引起注意，不要太过于缩小光圈了。

可是，在拍摄风景照的时候，我们有时想要表现出景色的远近透视感，有时不得不减缓快门速度来拍摄出动态物体的流畅感。此时，我会刻意地去设置一定的光圈值，制造一定的衍射现象。所以说，衍射现象并不都是不好的，如果能根据画面的画质结合摄影者的意图，那就可以根据当下的环境设置出合适的光圈值了。

索尼α900
美能达AF ZOOM 17-35mm F3.5G
光圈优先自动曝光（F16 1秒） +1.3EV曝光补偿 ISO100
矩阵测光 白平衡：日光 使用PL滤光镜

摄影需要注重画质，也要注重表现力

上页图是为了将远景和近景都清晰对焦，以展现出从近到远的延伸感。而上图则是通过慢速快门来展现出水流平滑而柔媚的特征。所以，在摄影之前就应该有一个对效果的预判。为了再现摄影者头脑中的画面，一定要多了解摄影的各方面知识，最终在低ISO感光度、F16的光圈值设置下得到了这幅作品。

03 根据场景和被拍摄物决定曝光程度

"樱花"——按照脑海中的画面效果进行拍摄

F8	1/500秒
A模式	无曝光补偿

拍摄效果比真实情况暗淡

奥林巴斯E-5
ZUIKO DIGITAL ED 9-18mm F4.0-5.6
ISO160 49区分割数位ESP测光
白平衡：晴天 JPEG

用较暗的曝光突显樱花之美

■在拍摄垂樱的时候，如果选择从下往上广角仰拍的方式就可以突显其气势。此外，如果以花朵和天空为背景，图像整体的亮度可能会比真实亮度要低。可是，只要粉白色的樱花花瓣保持了其原本的颜色，那么在比较暗沉的画面中更容易突显樱花，从而拍出更有张力和震撼力的作品。

粉白色花瓣不会产生泛白现象，也不会过于沉闷

没有泛黑现象，也不会过于明亮，展现出了色调的层次

夜晚的樱花摄影

■夜晚的樱花树下往往都会有路灯，受到路灯光线照耀的部分和比较暗沉的部分交相辉映，但往往对比度过高。所以，要想拍摄出夜晚樱花的美景，最好选择在夕阳西下之后，天空还残留一丝光亮的时候拍摄。

F5.6	1/400秒
Av模式	+0.3EV 曝光补偿

拍摄效果比真实情况暗淡

佳能EOS 5D Mark Ⅱ
EF70-200mm F4L IS USM
ISO160 评价测光
白平衡：日光 JPEG

在穿透光下摄影一般需要曝光正补偿

■在有一些逆光的情况下拍摄花儿，你会发现花瓣被光线穿透后变得透明。虽说是否使用曝光补偿需要依照具体的背景亮度，但一般来说，有穿透光的情况下都要使用曝光正补偿。

F8	1/1000秒
Tv模式	-2EV 曝光补偿

拍摄效果比真实情况暗淡

佳能EOS 5D Mark Ⅱ
EF70-200mm F4L IS USM
ISO100 评价测光
白平衡：日光 JPEG

按下快门的时机和背景的选择尤为重要

■在樱花花瓣散落飘舞的时候，我们最好使用Tv（S）模式来展现出其动感的瞬间，在微风吹动树梢的那一刻按下快门。此外，为了展现出花瓣飞舞的美景，我们还需要选择合适的背景。本次摄影中，我们选择了比较暗沉的斜面，通过曝光负补偿的帮助完成了这幅作品。

F8	1/100秒
Av模式	–0.7 曝光补偿

拍摄效果比真实情况暗淡

佳能EOS 5D Mark Ⅱ
EF70-200mm F4L IS USM
ISO100 评价测光
白平衡：日光 JPEG

突显闪闪发光的樱花

■太阳马上就要从地平线上升起，樱花树在微微的晨光中烁烁发光。为了展现出这难得的美景，我特意采用了曝光负补偿进行拍摄。这样，图像比真实的场景暗淡了一些，但正是这样才让樱花跃然纸上，成为了当之无愧的主角。

0.3EV的曝光补偿差会改变照片的效果

有的摄影者会向我咨询如何拍摄樱花之美的问题，我认为想要通过数码相机完美再现樱花盛开的场景实在是不太现实。白平衡的设置、相机本身的情况都会对樱花的色彩饱和度产生影响，而拍摄时间、光线情况、曝光情况等又会进一步影响拍摄效果。所以，与其说“忠实再现”樱花的美景，不如拍出属于你的个性樱花作品。

我想对广大摄影者说的是，如果选择比较明亮的曝光方式，那么樱花给人的苍凉感就会减弱，而其色彩也会变得更加明亮。如果选择比较暗沉的曝光方式，那么樱花花瓣就会给人比较沉重的感觉。而且樱花本身的色彩非常柔美，哪怕是0.3EV的曝光差都会完全改变其摄影效果。所以，在拍摄樱花的时候，大家头脑中应该有一个自己想要的图像，然后再分阶段曝光对比，抓住完美的瞬间按下快门。樱花的花期很短，只有短短的几天。而在这些天里，最美的时刻可能就是那一天里的几个小时而已。所以，一定要抓住机会，拍摄出属于你的樱花作品！

“新绿”——展现光线穿过的透明感

索尼NEX-3
E18-55mm F3.5-5.6 OSS
ISO200 矩阵测光
白平衡：日光 JPEG

加强暗沉的部分，突显新绿的娇嫩

■在拍摄左图时光线状态是半逆光，因此有明亮和暗沉的部分共存。在嫩叶簇拥的部分有了明暗的明确对比。以受到阳光照耀的树叶亮部为测光点，这样，背阴处的色调更加暗沉了，更加突显了嫩叶的明亮。

F22 | 1/3秒
A模式 | -0.3EV 曝光补偿
拍摄效果与真实亮度一致

索尼α900
腾龙SP
AF28-75mm F/2.8
XRDi LD Aspherical
[IF]MACRO
ISO100 矩阵测光
白平衡：日光 JPEG

重点是中间的绿色和亮度

■树荫投射在小河上仿佛搭起了一根根独木桥，这时重点展现的是画面中间的部分。这里阳光明媚，树木的绿色娇嫩、透亮。拍摄时处于逆光状态，所以要通过曝光负补偿来降低对比度。

F11 | 1/8秒
Av模式 | +2EV 曝光补偿
拍摄效果与真实亮度一致

佳能EOS 5D Mark Ⅱ
EF24-105mm
F4L IS USM
ISO200 评价测光
白平衡：日光 JPEG

真实再现，减少沉闷

■在春天的森林中，采用广角镜头从下往上仰拍。通过曝光正补偿来真实地表现满眼的绿色。要想让照片展现出其原本的氛围，曝光程度不能过高。

佳能EOS 5D Mark Ⅱ
EF24-105mm F4L IS USM
ISO200 评价测光
白平衡：日光 JPEG

不要担心曝光过度，重点是表现树叶的耀眼

■拍摄这张照片的时候大胆选用了4EV的曝光补偿。天空中有许多泛白的部分，但正是这样的背景才更加突显了阳光下耀眼的绿色。

关注光线的情况，展现春之美景

春天的山丘上覆盖了一片生机盎然的绿色，不管是侧光还是逆光，我们都可以拍摄出春之美景。在强光的照耀下，山体自然会呈现出明暗的对比。摄影取景时，将背阴处的暗沉大胆入镜，通过曝光补偿来加强其色彩，最终与画面中的明亮处形成对比，展现出画面的张力。

如果想要表现出绿色的娇嫩和透明感，可以选择穿透树叶的光线或者背阴处的柔光进行拍摄。如果想要进一步展现绿叶，那不妨使用长焦镜头拍摄绿叶的特写，并将近景和远景都虚化。此时画面中如果出现了比较暗沉的部分，那不妨通过曝光补偿加强这种暗沉感，进而突显绿色的娇嫩。而在明亮的色调下，则可以最大程度地提高亮度来进行曝光。

除此之外，我们也可以在阴天摄影。阴天时，天空泛白，通过大幅度的曝光补偿可以得到别具一格的作品。照片效果比肉眼看到的更加明亮，从而展现出了如梦幻般的画面。

F5.6	1/100秒
A模式	+1.3EV 曝光补偿
拍摄效果比真实情况明亮	

通过近景和远景的对比，展现出了绿色的娇嫩

■左面的照片中既有树荫下的树叶，又有一片生机盎然的春天景象，在两者的对比下，展现出了绿叶的娇嫩欲滴。在曝光补偿的时候，要注意不能让近景的树叶过于暗沉。

明媚的春光下，背景要展现出清爽的特征

树叶的色调不能过于暗沉，展现出浓绿色即可

03 “水边”——描绘一幅静谧的水边美景

F10	1/125秒
A模式	-1EV 曝光补偿
拍摄效果接近真实亮度	

索尼α900
美能达AF ZOOM 17-35mm F3.5G
ISO200 矩阵测光
白平衡：日光 JPEG

注重平衡，选择曝光

■树枝倾斜在水面上，水池中的倒影是蓝蓝的天和背后绿绿的森林，用大景深的手法拍摄了这幅照片。真实场景的明暗度不一致，需要通过曝光找到平衡点。

■这幅照片的明亮度没有达到平衡。摄影者过分地想强调近景的明亮，从而让远景的亮度过高，整体给人的感觉十分不和谐。

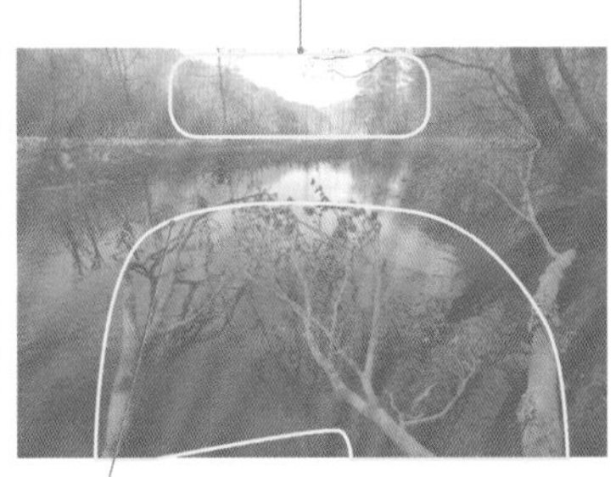

奥林巴斯E-5
ZUIKO DIGITAL ED 50-200mm
F2.8-3.5 SWD
ISO100 49区分割数位ESP测光
白平衡：晴天 JPEG

选择合适曝光，展现白色绒毛

■这是一片草丛。在背阴的部分展现出了一种幽幽的绿色。在这样的情况下，通过曝光补偿突显白色绒毛。为了得到比真实情况更暗沉的效果，我们采用了曝光负补偿。

真实再现暗沉的场景

■静如镜面的水面上映射着对岸的小树林。通过曝光负补偿再现当下比较暗沉的真实画面。在靠近近景的位置上有正在发芽的树枝，将其虚化，以衬托出远近的透视感。

F4	1/80秒
A模式	-1.3EV 曝光补偿

拍摄效果比真实情况暗沉

索尼α900
70-200mm F2.8G
ISO200 矩阵测光
白平衡：日光 JPEG

F11	1/640秒
A模式	+0.7EV 曝光补偿

拍摄效果与真实亮度很接近

奥林巴斯E-5
ZUIKO DIGITAL ED 50-200mm
F2.8-3.5 SWD
ISO100 49区分割数位ESP测光
白平衡：晴天 JPEG

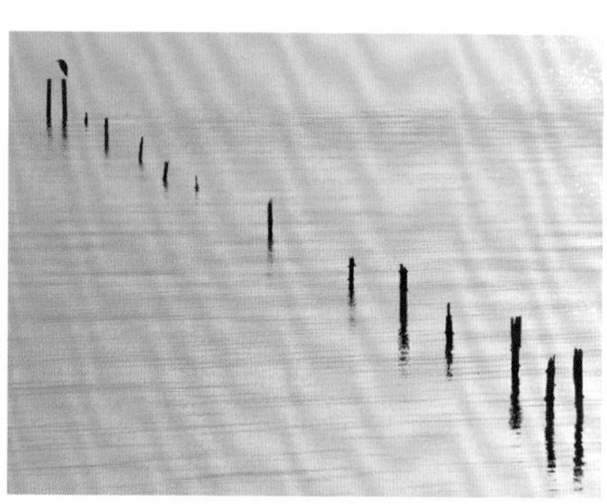

重现淡淡的暖色系湖面

■有些腐烂的木桩连成一条线分布在照片的对角线上，晚霞映射在水面上，透露出丝丝温暖。通过高速快门捕捉到了水波微微荡漾的瞬间，采取曝光正补偿重现了这片温暖而宁静的场景。

绝妙“亮度”突显静寂感

阳光下发出粼粼微光的水面固然美丽，但静若镜面的水面同样引人入胜。为了展现出水面的安宁，最好在日出日落前后的时间段拍摄。特别是在日出后阳光还没有直接照射到水面的时候最佳。通过再现舒缓的光线和带有绿色的色调，可以成功营造出沉稳的画面感。在此基础上，如果将整体亮度调低，更会展现出水面的静寂感。这是整个摄影过程的重中之重。

如果采用广角摄影，那么最容易表现的就是远近透视感和空间感。就如上一页的照片中展示的那样，在画面的近景处找到具有拍摄价值的物体非常重要。我们也可以靠近被拍摄物，然后拍摄其特写。在画面的上部分则是延伸展开的风景。此时，设置F8或者F11左右的光圈值，可以让画面整体的锐度得到重现，从而增加画面的真实性。

"瀑布和溪流"——体现出清凉的动感风景

拍摄水流的平滑质感，适度曝光保留层次

■如果曝光时间设置为1秒，那么就可以拍摄出水流的平滑质感。在强光下、绿叶旁，画面的色彩更加生动。白色的水流、嫩绿的树叶，要想同时展现它们的层次，必须要选择合适的曝光程度。

注意展现出绿树的娇嫩和阳光的明媚

水流的层次也要完美再现

F16	1秒
A模式	没有曝光补偿
拍摄效果比真实亮度一致	

索尼α33
DT 18-55mm F3.5-5.6 SAM
ISO100 矩阵测光
白平衡：日光 PL滤光镜 JPEG

背阴处透着绿色的阳光

■当阳光不太充足或者背阴的时候，可以将白平衡设置为"日光"（或者"晴天"）模式。这样就会得到一幅透着绿色的如梦如幻的作品。

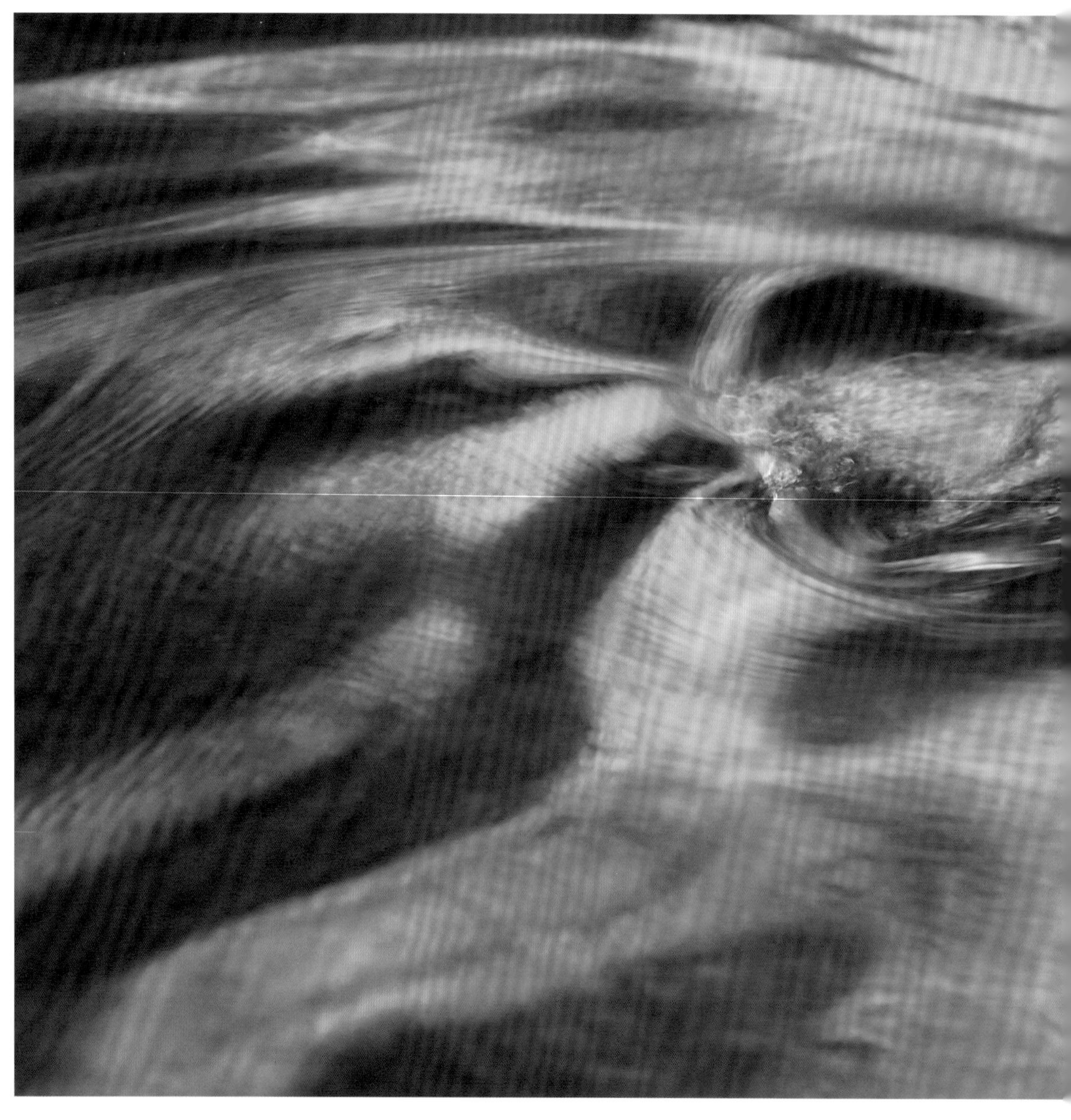

■照片中泛白的部分太多了，从而让溪流失去了动态的美丽，算是比较失败的作品。

一边检查拍摄效果，一边注意不要曝光过度

■低速快门拍摄水流的时候，我们很容易丧失掉白色的层次，而展现层次又是曝光的重点所在。所以，不妨使用0.3EV为单位来进行曝光尝试。在拍摄现场，检查是否有泛白现象，最好是使用之前介绍的直方图。

F16	1/5秒
A模式	+0.3EV 曝光补偿

拍摄效果与真实亮度比较接近

佳能EOS 5D Mark Ⅱ
EF24-105mm F4L IS USM
ISO50 评价测光
白平衡：日光 PL滤光镜 JPEG

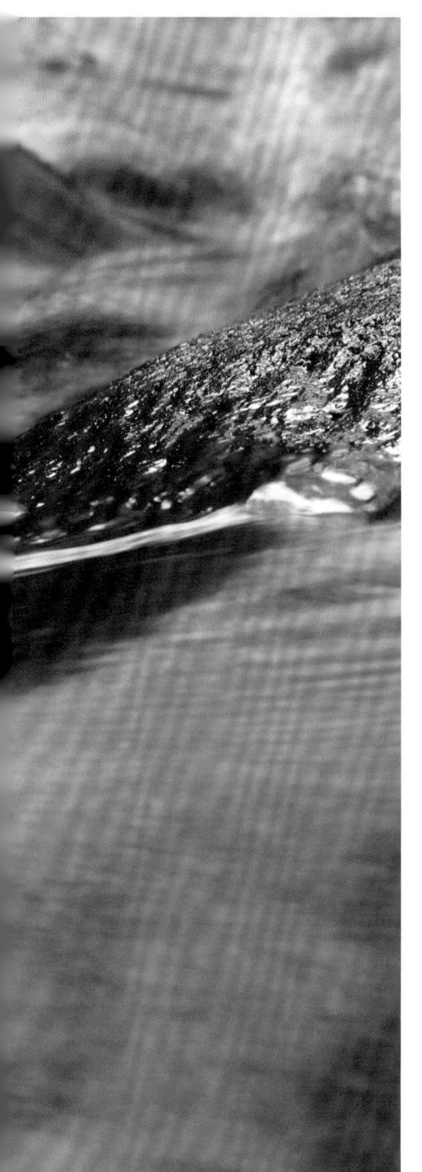

F11	1/3秒
A模式	0.7EV 曝光补偿

拍摄效果与真实亮度比较接近

佳能EOS 5D Mark Ⅱ
EF70-200mm F4L IS USM
ISO100 评价测光
白平衡：日光 PL滤光镜 JPEG

用低速快门创造色彩美

■仔细观察溪流就会找到受光部分反射出的树叶的绿色。使用低速快门拍摄，在水流的跃动下可以展现出微妙的景色，映衬出美丽的绿色。

F11	1.3秒
A模式	-1.3EV 曝光补偿

拍摄效果比真实情况暗沉

索尼α900
70-200mm F2.8G
ISO200 矩阵测光
白平衡：日光 PL滤光镜 JPEG

适当的曝光不足，展现淡淡的忧伤

■在阳光不够充足的背阴处，采用1.3秒的快门速度拍摄瀑布。构图时将树枝作为前景，酝酿出安宁中的一丝忧伤，赋予照片别具一格的品位。

使用不同快门速度展现不同效果

小溪、河流、瀑布等，这些都是大自然的杰出代表作。而这些绵绵不断的水流又非常得上镜。

由于水流是动态的，所以快门速度很大程度上决定了拍摄效果的好坏。为了表现出水流的跃动感，需要采用快于1/500秒的快门速度。而在晴天的强烈阳光下，我们还要根据具体场景设置ISO感光度、光圈值等，尽可能地帮助提升快门速度。

相反，降低快门速度则可以得到水流的平滑质感。一般来说，此时的快门速度需要比1/8秒更慢。如果想要将水流拍摄得如风中的丝绢一般，那就要采用比1/2秒更慢的快门速度了。不过，并不是降低了快门速度就可以得到理想的作品。我们还需要调节曝光程度，保持水流的层次感。

“日出”——营造出戏剧化的张力

根据日出前的天空来决定曝光程度

■日出前，天空的明暗度差较大，要想完美再现真实场景难度很高。上图是富士山在朝霞中的绝美景色。

F11	1/25秒
A模式	0.7EV 曝光补偿

拍摄效果与真实亮度比较接近

奥林巴斯E-5
ZUIKO DIGITAL ED 12-60mm
F2.8-4.0 SWD
ISO100 49区分割数位ESP测光
白平衡：阴天 JPEG

■日出不久的天空洁净而明朗。如果按照天空原本的颜色来决定曝光程度，一定会产生泛白的现象。所以，我们在拍摄朝阳的时候，一定注意不要让画面泛白，尽可能地找到合适的曝光程度。

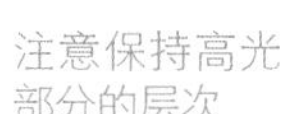

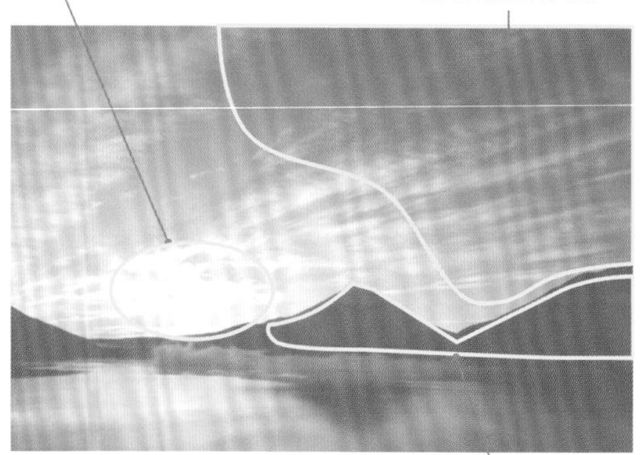

使用曝光不足来展现绝美的瞬间

■从山顶上看到了朝阳的颜面，它就像一颗钻石一般闪闪发光。为了突显朝阳烁烁的光芒，摄影时选择了比真实情况更暗沉的亮度，然后缩小光圈，拍摄到了阳光如箭一般射出的瞬间。

F11	1/640秒
A模式	无曝光补偿

拍摄效果比真实情况暗沉

适马DP1x
16.6mm F4
ISO100 评价测光
白平衡：晴天 JPEG

-1.3EV曝光补偿

进一步进行曝光负补偿来增加厚重感。重要的是表现出摄影者的摄影意图。

F11	1/6秒
A模式	-0.7EV 曝光补偿

拍摄效果与真实亮度一致

索尼NEX-5
E18-200mm F3.5-6.3 OSS
ISO200　矩阵测光
白平衡：日光　JPEG

追求晨光的专属色调

■朝阳染红了富士山。在淡淡的色调中，重现从高光部分到背阴部分的层次感和真实亮度。

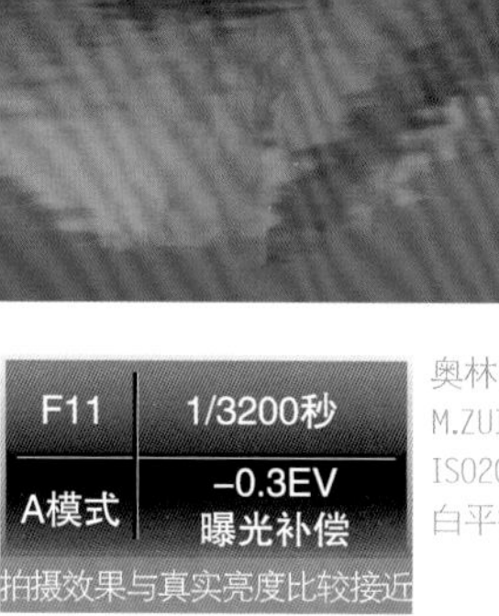

F11	1/3200秒
A模式	-0.3EV 曝光补偿

拍摄效果与真实亮度比较接近

奥林巴斯OLYMPUS PEN E-P2
M.ZUIKO DIGITAL ED 14-42mm F3.5-5.6
ISO200　324区分割数位ESP测光
白平衡：日光　JPEG

朝霞的对称美

■湖面如镜一般平静，上面映射着天空的美景。采用上下对称的构图方式突显画面的沉静。在曝光的时候，注意尽量真实还原天空的色彩。太阳本身的泛白和背阴处的泛黑并不是太大问题。

要想完全重现视觉看到的效果是不可能的

在顺光的情况下摄影，我们往往不会因为如何曝光而烦恼。但是，假如镜头正对着朝阳拍摄就是另一回事了。

逆光的时候，明暗的差别非常显著，哪怕是肉眼也有时无法判断出真实的明暗度。所以，要想通过摄影来完全重现当时的场景是绝对不可能的。

首先，我们必须要知道数码相机可以再现场景的明暗程度。朝阳或夕阳的景色中，明暗度差别很大，如果满足了明亮部分的曝光，暗沉的部分就会泛黑；相反，如果满足了暗沉部分的曝光，明亮的部分又会泛白。

当然，具体曝光到什么程度，还是应该根据具体场景来决定。但我们在拍摄朝阳或者夕阳时，还是应该以朝霞、晚霞以及天空的色调为基准（或者更美得拍摄）来调节曝光程度。摄影的时候，应该实时检查直方图，查看是否有泛白或者泛黑的情况出现。这样做可以防止拍摄出失败的作品。

“夕阳”——展现出鲜艳色彩和日落的寂寞

描绘出稻田的鲜艳色彩

■上图中摄影者最想展现给大家的是夕阳下闪烁着金光的水田。这幅作品的亮度与真实情况非常接近。虽说黑色的部分颜色很浓，但正是这样的对比才衬托了稻田的美艳。

F11	1/50秒
Av模式	无曝光补偿

拍摄效果与真实亮度比较接近

佳能EOS 5D Mark Ⅱ
EF70-200mm F4L IS USM
ISO200 评价测光
白平衡：背阴 JPEG

■这张照片的拍摄时间比上面那张要早几分钟。画面中没有夕阳，但是其光芒还是映射到了水田里，发出耀眼的光芒。

即使暗沉的部分有泛黑现象也并无大碍

真实再现水田的亮度是重中之重

F5.6	1/20秒
A模式	+0.7EV 曝光补偿

拍摄效果与真实亮度一致

索尼NEX-7
Sonnar T*E 24mm F1.8 ZA
ISO200 矩阵测光
白平衡：背阴 JPEG

真实再现天空的层次

■夕阳西下后的几分钟内，空中的云层被染成了鲜艳的颜色，而且，它们犹如一波波的浪潮一样充满了层次变化。拍摄的时候，要一边通过液晶显示屏检查拍摄效果，一边尽可能地再现当时的美景。

F8	1/25秒
A模式	+0.3EV 曝光补偿

拍摄效果比真实情况暗沉

索尼α900
Distagon T* 24mm F2 ZA SSM
ISO200 矩阵测光
白平衡：日光 JPEG

放射的光芒用灰暗色调展示

■夕阳西下后的几分钟里，天空中会出现紫红色的数簇光芒。摄影的时候将整体亮度设置到低于真实亮度，这样可以更好地展现不够耀眼的光芒。日落之后的景色变化很快，为了抓拍充满魅力的瞬间我们往往需要等待。

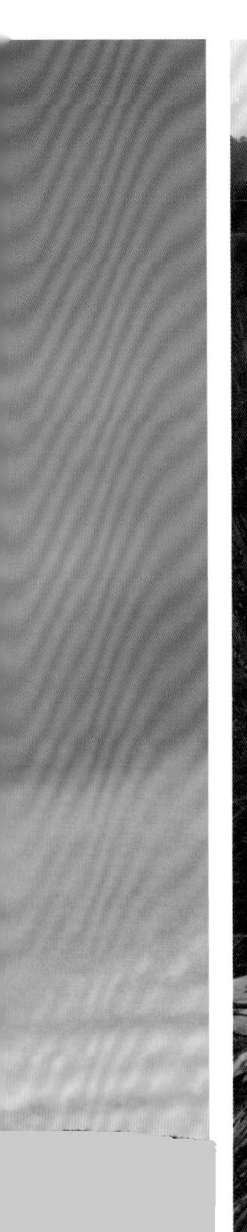

F18	1/15秒
A模式	-1.3EV 曝光补偿

拍摄效果与真实情况一致

索尼α900
美能达AF ZOOM 17-35mm F3.5G
光圈优先自动曝光 ISO200
矩阵测光
白平衡：背阴 JPEG

树干与背景的平衡曝光摄影

■在决定曝光程度的时候，可以将树干安排为近景，这样可以保留树干的细节。接下来要考虑的就是如何保留背景中夕阳的真实性，找到一个平衡点来完美展现近景和远景。

想要展现夕阳的美丽，不要忘了控制曝光程度

落日的景色往往比日出的景色持续时间更长，所以往往可以有更多的时间来对曝光进行调试，从而展现出天空的层次变化。同时，曝光的方法也有很多。我们可以拍摄出天空充满戏剧化的一面，也可以通过比较暗沉的色调来突显其鲜艳。此外，大气中飞舞的尘埃或许会给夕阳的美景增添更多的反射，让夕阳看起来比朝阳更加绚烂，并充满了一种温暖、祥和的氛围。说到底，拍摄夕阳美景时最重要的还是要着重表现“夕阳”本身。

日落之后，通过简单的亮度调整已经很难拍到好照片了。这时，我们还要同时注意快门的速度，通过快门的配合来调整亮度。在1/8秒到1/15秒的快门速度区间内，手持相机或者使用三脚架都有可能发生抖动。如果只是想拍摄远景，那就没有必要将光圈值设定为F16或者F22以上。光圈值的设置相对于快门速度来说并没有太大的意义，还是应该优先快门速度的设置。

“花丛”——简单的曝光展现花丛的魅力

F4	1/320秒
A模式	-1.3EV 曝光补偿
拍摄效果与真实情况一致	

索尼α900
腾龙SP AF28-75mm F/2.8 XR Di LD Aspherical [IF] MACRO
ISO200 矩阵测光 白平衡：日光 JPEG

利用虚化为作品添彩

■照片的效果之所以会呈现出摄影者身处其中的感觉，都要归功于在摄影的时候靠近花丛的原因。通过广角摄影，将焦点对焦在中间部分，使近景和远景都有了一定程度的虚化。这幅作品充满了身临其境的感觉，同时又展现出了真实情况的亮度。

曝光让整体亮度符合实际情况

F11	1/500秒
A模式	+0.3EV 曝光补偿

拍摄效果与真实情况一致

索尼NEX-5
E 18-200mm F4.5-6.3 OSS
ISO200 矩阵测光
白平衡：日光 JPEG

曝光补偿因相机、拍摄条件等不同而不同

■右面的照片是站在远方使用长焦镜头拍摄到的向日葵花丛。一般来说，这样的场景可能需要大幅度的曝光正补偿，但这一次拍摄却只通过一点曝光补偿就达到了所要的效果。

F8	1/250秒
Av模式	无曝光补偿

拍摄效果与真实情况一致

佳能EOS 5D Mark Ⅱ
EF70-200mm F4L IS USM
ISO200 评价测光
白平衡：日光 JPEG

即使没有曝光补偿也可以得到完美亮度

■这片向日葵花丛已经接近橘黄色了。拍摄的时候没有进行任何的曝光补偿，对焦的位置放在了近景处的花朵上，通过F8的光圈值虚化了远景，制造出了一种花丛延伸到远方的氛围。

F4.5	1/1000秒
A模式	+0.3EV 曝光补偿
拍摄效果与真实亮度一致	

索尼α900
70-200mm F2.8G
ISO200 矩阵测光
白平衡：日光 JPEG

选择合适曝光，突显淡淡的色调

■白色的荞麦花开遍了原野，通过长焦镜头拍摄出了上面的照片。为了让照片效果富有变化，摄影者特别将背阴的部分也一同入镜，并且对焦在这部分。这样，向阳的花簇既没有泛白，同时还展现出了一种淡淡的色调。

如果拍摄时有所困惑，可以从更改光圈值开始尝试

站在鲜花丛前面，许多摄影者会开始思考怎样才能拍摄出这幅美景。当然，针对这种情况我们可以使用各种拍摄手法，但首先应该活用景深（P27）的特性，并采用合适的光圈值进行拍摄。

如果想要真实再现眼前的美景，我们可以缩小光圈，让整个画面的锐度加强。如果想要着重强调花丛的浓密和色彩的鲜艳，就可以放大光圈，让整个画面出现虚化的部分。

虚化不仅可以赋予照片神秘的美，还可以有效地传达出花丛的距离感和浓密度。这种情况下，对焦的位置就很重要了，到底是对焦到近景、中景还是远景，这是需要我们通过不停地尝试去探索的，毕竟焦点会决定照片的效果。至于亮度，最好的当然是再现当时场景的亮度了。此外，还要注意不能让画面过于暗沉，从而破坏花朵的娇艳之美。

“微距”——用寻常的曝光展现不寻常的世界

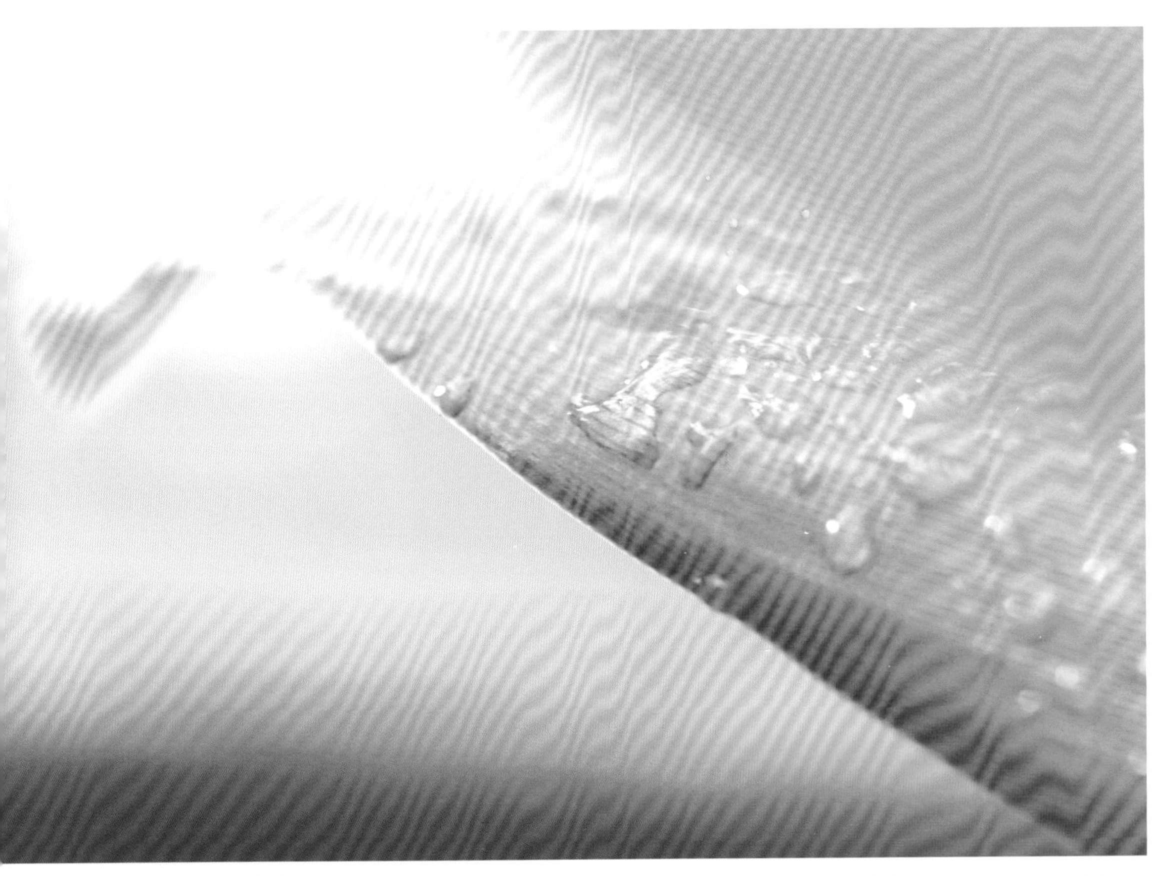

F4	1/250秒
Av模式	+0.7EV 曝光补偿

拍摄效果比真实情况明亮

佳能EOS 7D
EF100mm F2.8L MICRO IS USM
ISO400 评价测光
白平衡：日光 JPEG

尽可能的明亮，表现清爽的感觉

■微距摄影关注的是被拍摄物的一小部分，可以最简单和直接地展现出摄影者想要传递的信息。曝光的时候必须要站在整体的氛围上进行考虑。在拍摄花瓣、水滴等明亮的物体时，一定要选择明亮的曝光方式，从而在保持氛围的前提下提升物体的清爽感觉。

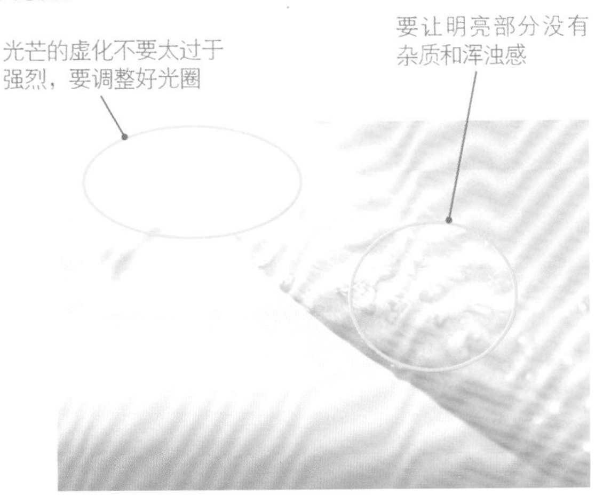

■微距摄影的时候，不仅要选择合适的曝光程度，还要选择合适的背景颜色。主色和辅助色的关系可以归纳为：红色+绿色、橙色+蓝色、黄色+紫色。只有这样才可以突显主角。

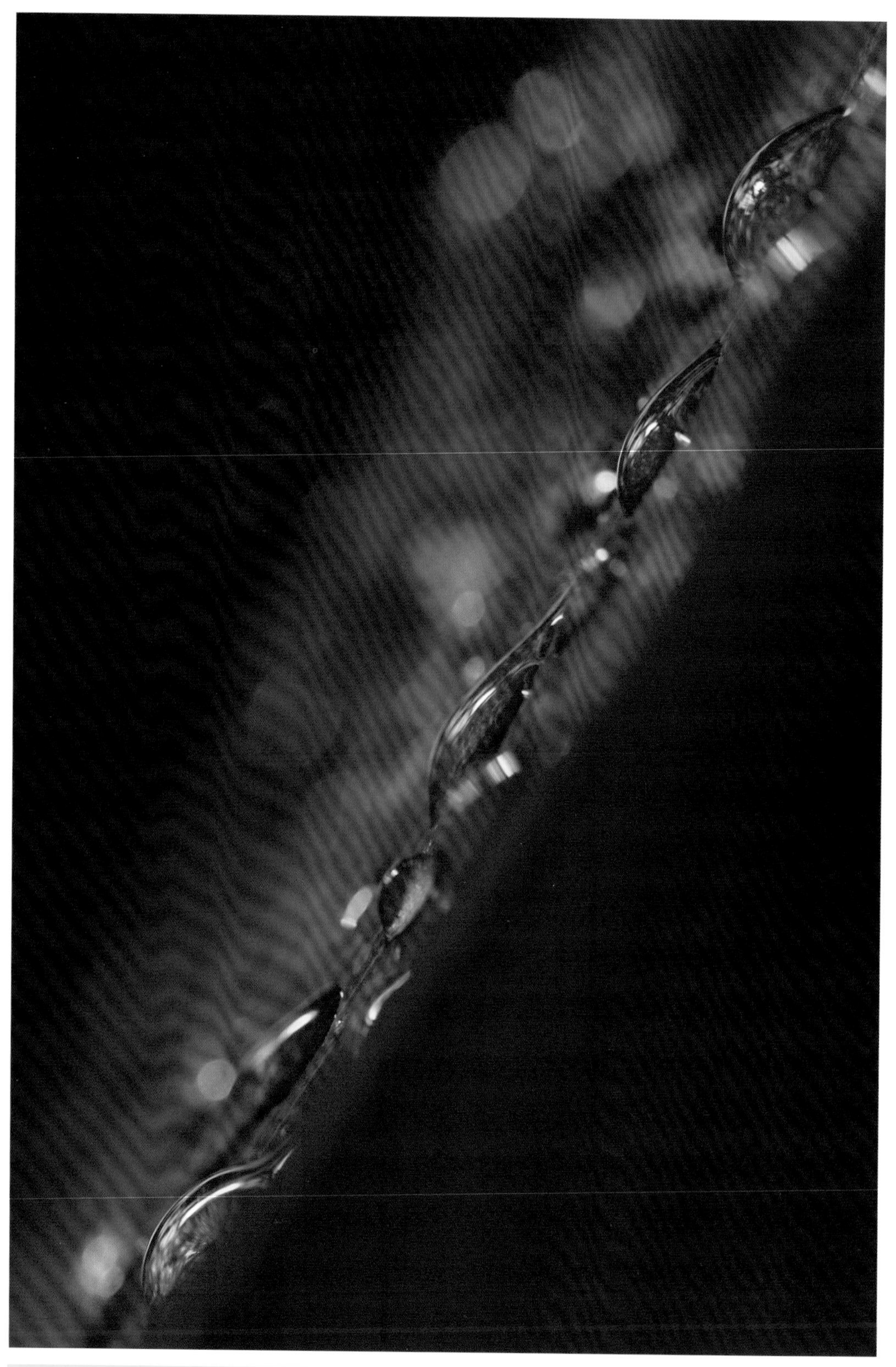

充满随意和闲散的作品

■被拍摄物是色彩较浓的树叶。可是当下的光线却不够理想，乍看过去没有什么特别的地方。于是，摄影者采用了大胆的曝光负补偿，让树叶有种比较厚重的印象。而水滴的光亮在暗淡的色调中更加突显。整个作品的画面冲击力很强。

F4	1/250秒
A模式	-1.3EV 曝光补偿

拍摄效果比真实情况暗沉

佳能EOS 7D
EF100mm F2.8L MICRO IS USM
ISO400 评价测光
白平衡：日光 JPEG

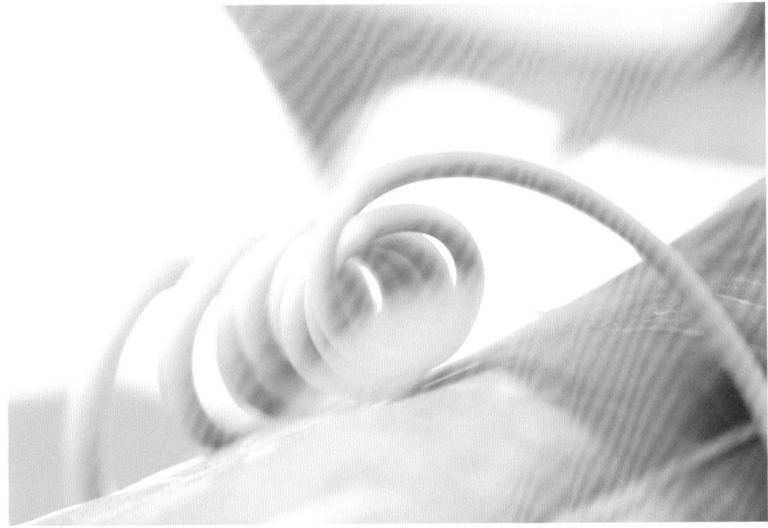

佳能ESO 7D
EF100mm F2.8L MICRO IS USM
ISO400 评价测光
白平衡：日光 JPEG

曝光补偿程度根据被拍摄物的效果设置

■同一个拍摄场景，我们也要有不同的曝光方法。例如，想要展示清爽的郁郁葱葱的感觉，可以使用曝光正补偿。而要展示被拍摄物的轮廓时，则要使用曝光负补偿。

F4	1/800秒
Av模式	+0.3EV 曝光补偿

拍摄效果比真实情况暗沉

佳能EOS 7D
EF100mm F2.8L MICRO IS USM
ISO400 评价测光
白平衡：日光 JPEG

摄影时注意防抖和对焦

微距摄影的时候，我们常常会重点表现自己喜爱的部分。可是，有时这样拍摄出来的照片对焦晃动，画面效果并不理想。所以，手持相机摄影的时候，一定要注意防抖。当然，有时不经意的抖动还会造成“美丽的错误”，这就另当别论了。许多肉眼观察不到的细微景致都可以通过微距摄影表现出来，所以曝光的时候不妨胆子大一些，试试调暗、调亮后的效果。

不过，虽然曝光的自由度很高，却并不代表可以随意设置。如果想在不改变光圈值的情况下，拍摄出更加明亮的照片，相机的快门速度就必须要降低。变焦倍率比较大的微距摄影中，哪怕是一阵微风都可能影响到拍摄效果，所以，一定要时时注意防抖。此外，对焦可能会不太准确，这一点也要引起注意。

09 “雾霭”——自由地展现梦幻般的世界

F14	1/125秒
Av模式	-0.7EV 曝光补偿

拍摄效果与真实亮度一致

佳能EOS 5D Mark Ⅱ
EF70-200mm F4L IS USM
ISO200 评价测光
白平衡：阴天 JPEG

设置曝光，展现光线的美

■早晨轻雾霭霭的高原。逆光的角度下从树林间射出了许多光线。这些如箭一般的光线是摄影的重点，鲜明地将其突出出来，营造清晨的朦胧与耀眼。

■从树林中穿梭而过的光线在雾霭中愈发清晰起来。如果林中刚好轻雾弥漫，那就找一个逆光的角度拍摄这如梦如幻的景色吧。

通过正确的曝光，完美地再现如箭般穿过树林的阳光。

F11	1/80秒
Av模式	-0.3EV 曝光补偿

拍摄效果比真实情况暗沉

佳能EOS 60D
EF-S 55-250mm F4-5.6 IS
ISO200 评价测光
白平衡：日光 JPEG

展现单色调的世界

■四面环山的湿润大地在清晨容易产生雾霭，当阳光射进来的时候，将相机的白平衡设置为"日光"，将图像的效果调整为略微偏绿的色调后摄影。在此基础上进一步降低画面的亮度就可以强调出清晨的静谧了。

F8	1/250秒
A模式	+1EV 曝光补偿

拍摄效果比真实情况明亮

索尼NEX-7
E 55-210mm F4.5-6.3 OSS
ISO200 矩阵测光 白平衡：日光 JPEG

用曝光正补偿来突显花丛的美艳

■浓雾中的阳光显得并不耀眼，满地盛开的鲜花也没有了艳丽的色彩。在这个亮度下很难展现出花丛应有的美丽。于是，摄影时采用曝光正补偿，将画面亮度调整到比真实情况更高的亮度，从而展现出了在浓雾环绕下神秘而美艳的黄色花丛。

F10	1/1000秒
A模式	-0.7EV 曝光补偿

拍摄效果比真实情况暗沉

索尼NEX-7
E 55-210mm F4.5-6.3 OSS
ISO200 矩阵测光
白平衡：日光 JPEG

曝光不足处，成功展现太阳轮廓

■浓雾环绕的世界总是不够明亮。摄影构图时，为了拍摄出太阳的轮廓，将地面上的树林作为重要的参照物一同入镜。照片中的树木姿态各异，而且分布均匀，很有艺术感。

摄影可以再现真实场景，也可以展现摄影者的拍摄意图

雾霭犹如薄薄的面纱一样覆盖在风景上，拍摄时的亮度不同得到的照片效果就完全不一样。如果亮度较低，画面整体的印象就比较厚重；相反，如果亮度较高，气氛就会变得和缓、清爽起来。这样如梦如幻的画面原本就没有真实感，所以拍摄的时候也没有固定的曝光程度而言。也就是说，摄影者可以按照自己的拍摄意图来调整亮度。

不过，在开始拍摄前我们必须要牢记：雾霭的环境变数很大，拍照机会不容错过。例如，在日出前半小时左右，整体环境的色温升高，风景中带有淡淡的青绿色色调。而日出之后，一切被染上了金黄色。然后，日出一个小时左右又变成了白色。更何况，包裹着风景的雾霭也不会一直保持一个浓度不变，所以能否看到金黄色的光芒，也要取决于真实环境。如果你幸运地看到了这一场景，就赶快选择一个逆光的位置按下快门吧！

10 “大海”——大胆地曝光设置，展现大海的“光辉”

F7.1	1/4000秒
Av模式	无曝光补偿

拍摄效果比真实情况暗沉

佳能EOS Kiss X5
腾龙AF18-270mm F3.5-6.3 Di Ⅱ VC PZD
ISO200 评价测光
白平衡：白炽灯 JPEG

有张力的个性照片

■夕阳下拍打着海岸的波涛闪耀着点点光芒。一般情况下，我们会采用曝光正补偿来试图再现当下的情景，但如果不使用曝光补偿，说不定会更有张力。同时，白平衡可以设置为白炽灯模式，从而进一步烘托大海的气势。

■为了强调阳光下海浪的红色，将白平衡设置为“阴天”模式。这张照片基本再现了大海的真实样态，相对于最上面的照片而言，是从冷色调转到了暖色调。

虽然高光的部分有泛白的现象，但并无大碍，不用在意

即使是阴暗的部分也是有层次的

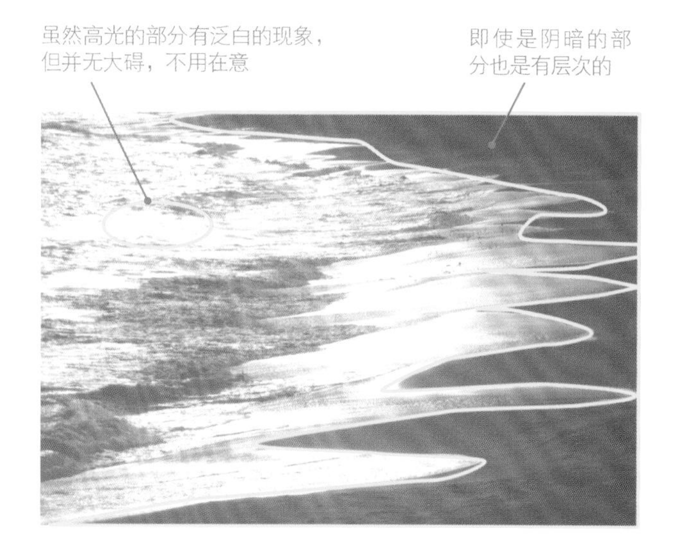

F11	1/25秒
Av模式	-0.7EV 曝光补偿

拍摄效果比真实情况暗沉

佳能EOS 5D Mark Ⅱ
EF24-105mm F4L IS USM
ISO200 评价测光
白平衡：日光 JPEG

个性地展现日出前的景色

■看起来比较暗沉的场景在不加任何设置的情况下进行拍摄，发现实际的效果比真实情况要明亮。所以，如果要再现日出前的景色，就要使用曝光负补偿。如果想要进一步突显灰蒙蒙的感觉，可以大幅度地进行曝光负补偿。

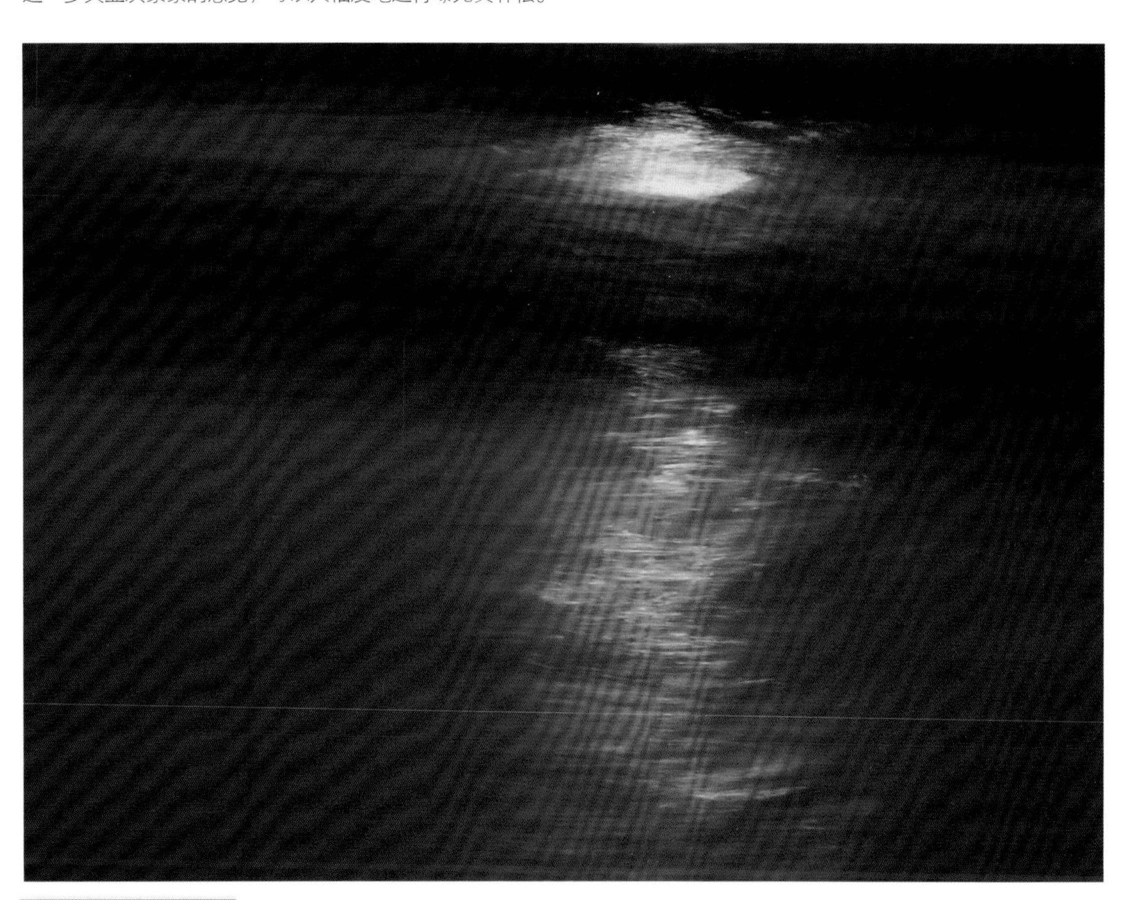

F14	1/1.6秒
A模式	+1.7EV 曝光补偿

拍摄效果比真实情况暗沉

奥林巴斯E-5
ZUIKO DIGITAL ED 12-60mm
F2.8-4.0 SWD
ISO800 49区分割数位ESP测光
白平衡：晴天 JPEG

拍摄暗沉的效果可能也要曝光正补偿

■照片中的水面有淡淡的黄色。水面微波荡漾，拍摄时充满了变数。此外，相机不同也会影响到拍摄效果。所以，我们不妨试着使用不同的曝光程度多拍摄几张，然后找到合适的曝光值，之后再开始真正的摄影。

F5.6	1/30秒
A模式	没有曝光补偿
拍摄效果比真实情况暗沉	

奥林巴斯E-5
ZUIKO DIGITAL ED 12-60mm
F2.8-4.0 SWD
ISO800 49区分割数位ESP测光
白平衡：晴天 JPEG

灵活利用构图来提高作品质量

■拍摄朝霞或者晚霞的时候，构图就显得尤为重要了。即使不使用任何的曝光补偿，也可以展现出如此的亮度（实际上比真实情况要暗沉）。如果想要让阴影部分更具厚重感，可以进行适当的曝光负补偿。

设置曝光时最重要的是考虑快门速度

我们眼里的海面只是大海极为微小的一部分。摄影时，如果能同时注意到色彩、层次、亮度等因素，那就肯定可以捕捉到大海美丽的瞬间。

摄影的时候，我们还要受到拍摄时间、天气等外部因素的影响。不过，拍摄动态的海面时最重要的还是设置快门速度。不管在Av/A模式还是Tv/S模式和M模式下，我们都要结合快门速度来设置曝光程度。

在捕捉海浪时，我们可以有多种设置方法，但原则上都是根据摄影者的意图来更改。例如，要想拍摄海浪的汹涌，可以设置1/250秒以上的快门速度。要想展现大海的静谧和沉稳，可以设置1/15秒以下的快门速度。同时，跟随着波涛的移动而移动相机的“移摄”手法也可以派上用场。移摄的时候，1/30秒到1秒左右的快门速度比较合适。

11 “草丛”——在大自然中找寻艺术

F4	1/250秒
A模式	+2EV 曝光补偿
拍摄效果比真实情况明亮	

索尼NEX-3
E18-55mm F3.5-5.6 OSS
ISO200 矩阵测光
白平衡：日光 JPEG

拍摄出清爽而明亮的光线

■摄影时将数码相机放到地面上，然后从下往上仰拍。背景是娇嫩欲滴的白桦林和明亮的蓝天，没有曝光补偿的情况下画面会显得过于厚重。于是，使用大幅度的曝光正补偿，将场景变为明亮的世界。

观察液晶显示屏的角度也很重要

■为了判断曝光的程度，我们需要垂直地观看液晶显示屏的效果。如果这样做不太现实的话，也可以在拍摄之后通过直方图来检验曝光程度。

展现娇弱的小花的色彩是曝光的重点之一

虚化远处的树木，突显出可爱的小花

F3.5	1/800秒
A模式	-0.7EV 曝光补偿
拍摄效果与真实亮度一致	

索尼α900
美能达AF ZOOM 17-35mm F3.5G
ISO200 矩阵测光
白平衡：日光 JPEG

拍摄时强调花朵的存在感

■春天的树林中开满了许多色彩艳丽的小花。从低角度进行拍摄，通过广角镜头抓住其周围的景色。远处的树林只要能分辨出来就可以大胆虚化，从而进一步将小花作为主角展现出来。

F16	1/20秒
A模式	-1.7EV 曝光补偿
拍摄效果与真实亮度一致	

索尼NEX-3
E18-55mm F3.5-5.6 OSS
ISO200 矩阵测光
白平衡：日光 JPEG

设置曝光，突显质感

■上图的光线比较柔和，浓绿色的树叶很惹人爱。为了再现当时的场景，我们需要使用曝光负补偿。摄影的重点是展现绿叶的质感，所以将光圈值设置为F16，以增加画面的锐度。

F11	1/125秒
A模式	-0.3EV 曝光补偿
拍摄效果与真实亮度一致	

索尼NEX-3
E18-55mm F3.5-5.6 OSS
ISO200 矩阵测光
白平衡：日光 JPEG

完美再现蒲公英的嫩黄

■在决定曝光程度的时候，我们首先要考虑摄影的重点。在拍摄右面的照片时，重点是想展现娇艳的蒲公英挺立在草丛中的感觉。画面的背景是几棵杉树，有一些比较暗沉的部分，通过适当的曝光正补偿来调整到真实的亮度。

利用新奇的角度，展现新奇的世界

选择别人很少使用的角度进行拍摄（例如从很低的位置上摄影），可以得到个性独特的照片。我们可以使用广角镜头靠近近处的被拍摄物进行拍摄，也可以使用微距镜头放大被拍摄物。大胆地趴在地上，找一个更好的角度试试看吧！

在设置曝光的时候，首先要考虑清楚自己想展现怎样的效果，画面的“主角”需要怎样的亮度和色彩（是要真实再现还是夸张拍摄呢）。接下来要考虑的就是作为背景的物体的亮度。优先主角或者背景的亮度都没有问题，如果实在是没有把握，还是要选择优先主角亮度，或者干脆取两者的中间值。

改变拍摄角度，曝光的设置也要相应改变。拍摄时，要控制好画面中明亮的部分所占的比例，一步步地尝试来获得最佳摄影效果。

12 “森林”——细致入微的拍摄，展现空间感

F13	1/100秒
A模式	-0.7EV 曝光补偿
拍摄效果比真实情况暗沉	

索尼α900
Vario-Sonnar T*16-35mm
F2.8 ZA SSM
ISO200 矩阵测光
白平衡：日光 JPEG

利用曝光不足展现光照中的树干

■棵棵杉树笔直冲天，使用超广角镜头摄影。在强烈的逆光下，画面的明暗也十分清晰。在阳光的照射下，树干的细节突显了出来。为了获得真实效果，摄影时加强了暗沉部分的厚重感，从而衬托出了树干的挺立与坚毅。

背阴处的树干为画面增添了结构感

受光部分的树干细节清晰可见

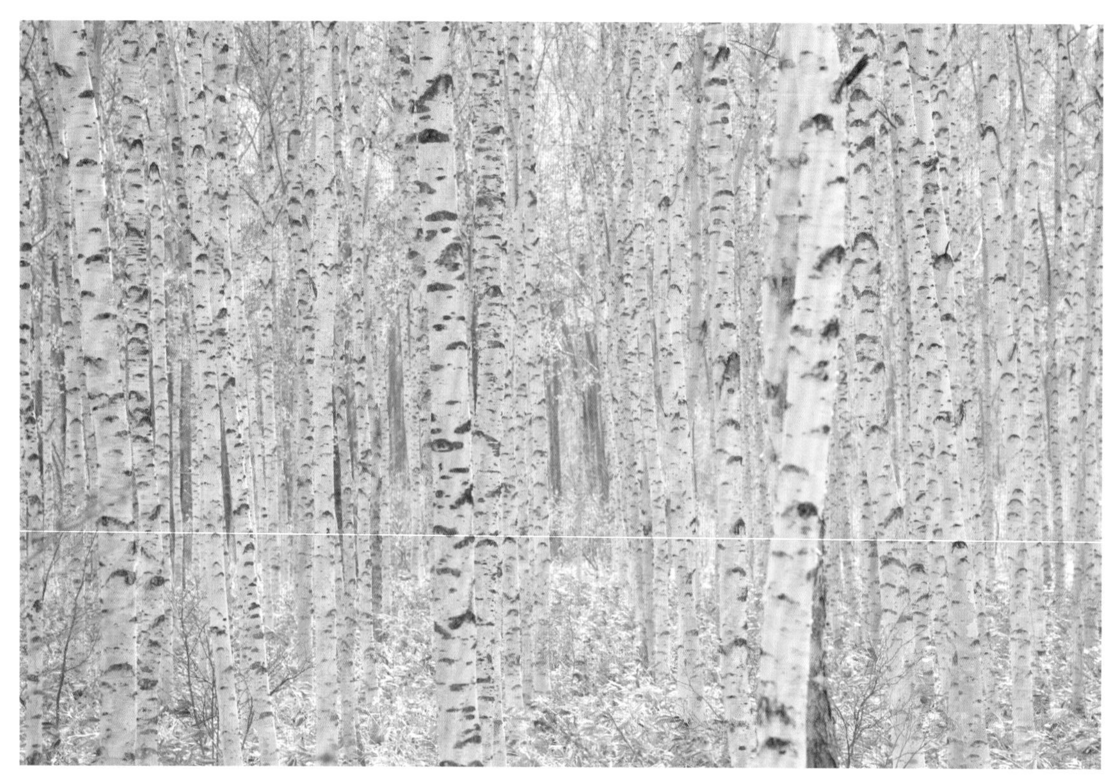

F5.6	1/100秒
A模式	+1.3EV 曝光补偿

拍摄效果比真实情况明亮

索尼α900
70-200mm F2.8G
ISO200 矩阵测光
白平衡：日光 JPEG

拍出白桦树的柔媚

■在普通的光线或者比较明亮的光线下，我们往往都需要曝光正补偿来帮助摄影。上面的照片在拍摄时就采用了曝光正补偿，从而营造出了一种柔媚的印象。

F10	1/6秒
A模式	-0.3EV 曝光补偿

拍摄效果与真实亮度接近

E18-55mm F3.5-5.6 OSS
ISO200 矩阵测光
白平衡：日光 JPEG

营造画面的紧张感

■在朝阳的照射下，原始森林显现出一派生机勃勃的景象。当太阳刚好被树干遮挡住的时候，树林中宛如洒下了簇簇阳光。使用F10的光圈值，增加画面的锐度，营造出一种紧张感。

F11	1/40秒
A模式	+2EV 曝光补偿

拍摄效果与真实亮度接近

索尼α900
美能达AF 700M 17-35mm F3.5G
ISO200 矩阵测光
白平衡：日光 JPEG

F11	1/160秒
A模式	无曝光补偿

拍摄效果比真实情况暗沉

索尼α900
美能达AF 700M 17-35mm F3.5G
ISO200 矩阵测光
白平衡：日光 JPEG

根据自己的拍摄意图来更改曝光值

■在晴天的橡胶树林中采用逆光拍摄时，曝光是一个大难题。要想重现肉眼看到的亮度，我们只能进行大幅度的曝光补偿。可是，没有曝光补偿的时候，画面整体的色调比较暗沉，但却可以展现出森林的幽静和深沉。

灵活运用阴影，控制曝光程度

在树林间摄影的时候，如果可以着重表现画面锐度，那么森林的质感和真实感甚至于一种紧张感都可以跃然纸上。虽说根据实际镜头的焦距不同，我们所需要设置的光圈值也不一样，但大体上来说，F8~F16这个区间的光圈值比较合适。为了体现细密的细节，我们还可以降低ISO感光度，从而杜绝噪点的产生。此时，相机的快门速度会随之下降，因此摄影时最好使用三脚架，做好防抖的准备。为了防抖，我们也可以使用反光板预升等摄影方式。

在仔细观察了画面的明亮色彩和暗沉色彩的比例之后，按照脑海中的摄影效果进行相关设置来决定曝光程度。逆光或者侧光的时候，画面的明暗度对比较大，那么如何分配明暗度就需要有一个概念，而且尽量不要发生泛白的现象。画面的阴影部分偶尔会有泛黑较多的情况发生，但如果是要展现森林的幽深，那么适度泛黑也不是大问题。

13 “寺庙”——展现宗教特有的庄严感

通过较暗的色调来突显寺庙的庄严

■郁郁葱葱的草丛后方是一座庄严的寺庙，上面的照片成功展现了这里的真实感，让人仿若身临其境。照片的效果比真实的情况还要暗沉一些，但是却加强了神秘色彩。没有曝光补偿的话，照片就会透露出一种轻快的明亮感，所以摄影时最好采用曝光负补偿。

F5	1/30秒
A模式	−0.7EV 曝光补偿

拍摄效果比真实情况暗沉

奥林巴斯OLYMPUS PEN E-P3
M.ZUIKO DIGITAL 14-42mm F3.5-5.6 Ⅱ R
ISO200 324区分割数位ESP测光
白平衡：晴天 JPEG

■寺庙所处的环境一般都比较暗沉，如果它们在树林中的话，有时还可以看到一缕阳光穿过树木撒在上面的景象。可是，这个画面的明暗度差别较大，所以摄影时要注意防止泛白现象的产生。

F3.2	1/320秒
A模式	−1.3EV 曝光补偿

拍摄效果比真实情况暗沉

奥林巴斯OLYMPUS PEN E-P3
M.ZUIKO DIGITAL 45mm F1.8
ISO400 324区分割数位ESP测光
白平衡：晴天 JPEG

加强暗沉部分的厚重感，注意防止泛白现象的产生

■如果同一画面中有受光部分和背光部分共存的景象，那么画面的张力就会提升不少。在设置曝光值的时候，一定要注意不能让受光的部分曝光过度。在拍摄这幅照片的时候，摄影者大胆采用曝光负补偿，同时又防止了泛白现象的产生。

F3.2	1/100秒
A模式	−0.7EV 曝光补偿

拍摄效果比真实情况暗沉

奥林巴斯OLYMPUS PEN E-P3
M.ZUIKO DIGITAL 45mm F1.8
ISO320 324区分割数位ESP测光
白平衡：晴天 JPEG

注重照片张力，打造庄严印象

■阴天下光线比较普通，通过曝光负补偿可以让画面的亮度更低，从而加强了阴影部分的厚重感，提升了整体照片的张力。

拍摄效果与真实亮度一致

奥林巴斯E-5
ZUIKO DIGITAL ED 12-60mm
F2.8-4.0 SWD
ISO400 49区分割数位ESP测光
白平衡：晴天 JPEG

设置曝光程度，保留格子的美感

■寺庙内的红叶艳丽无比，吸引了每一位来这里的人士。红叶的色彩固然是拍摄的重点，但我们也不要忘了它后面的格子，通过巧妙的曝光设置，同时展现出了两者的风采。

通过曝光不足拍出充满冲击力的作品

寺庙里常常会有一些特别的展出物品。在寺庙中散步，总会感觉到一种神秘感，就好像空气也有灵性一般。当然，要拍摄出空气的感觉自然是不可能的，但我们却可以展现出其庄严的氛围。

拍摄时首先要选取一个拍摄的主角。如果对构图没有把握就随便找一个地方拍摄，那么肯定很难得到理想的照片。所以，选择一个有个性和存在感的物体非常重要。

接下来就是考虑对焦。主角不用说，自然要重点对焦。此外，加大景深的话，还可以为照片效果添加一定的力度。

最后考虑亮度。这与摄影时间没有太大关系，只要我们将亮度调整为比真实情况更暗沉就可以了。如果在摄影时，你似乎感觉到了一丝寺庙的神秘，那不妨让随风舞动的树叶或者小动物入镜，从它们的“动感”中去展现另一番风味……

14 “山与屋”——用自然的拍摄手法展现人与自然的关系

F4.5	2.5秒
Av模式	无曝光补偿

拍摄效果比真实情况暗沉

佳能EOS 5D Mark Ⅱ
EF70-200mm F4L IS USM
ISO160 评价测光
白平衡：自动 外接闪光灯

通过闪光补偿来控制雪花的亮度

■日本白川乡每年都会有限定时间的特别展出，到时会在夜晚用电灯照亮白川乡。这个机会实在是太难得了，所以拍摄时可以使用“雾霭+雪花+闪光灯+房屋”的组合。闪光灯的光亮范围主要在雪花和近处的雪地上，所以，闪光补偿不能过于明亮，大概-0.7EV的设置就可以了。

■从房屋的玄关或者房檐上可以发现当地的特色文化等。所以，在拍摄大山与房屋的作品时，可以关注一下这些小细节。不过，屋檐下一般都比较暗沉，拍摄时要注意防抖等。

整体的色调比较沉稳，不会过亮也不会过暗

注意雪花和雪地不能太过于明亮

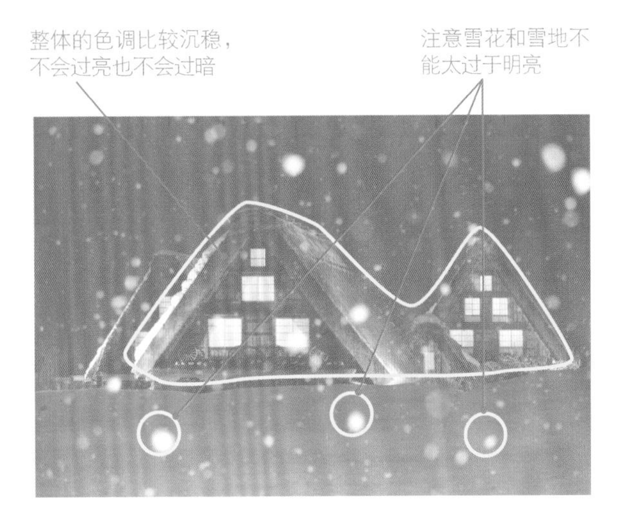

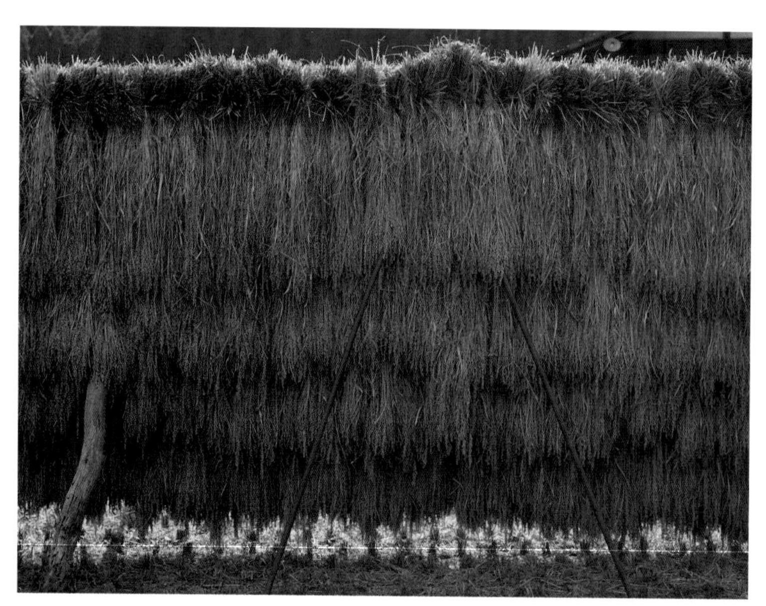

F5	1/400秒
A模式	-0.3EV 曝光补偿

拍摄效果比真实情况暗沉

奥林巴斯OLYMPUS PEN E-P3
M.ZUIKO DIGITAL 45mm F1.8
ISO200 324区分割数位ESP测光
白平衡：晴天 JPEG

展现大量的茅草细节

■拍摄的时候将亮度调整到真实亮度以下，从而突显房屋上已经干枯的茅草细节。当然，不仅是房屋，就连一年中不断变化的稻田也可以展现出这里人们的生活细节。

F5	1/1000秒
A模式	-1EV 曝光补偿

拍摄效果与真实亮度接近

奥林巴斯E-5
ZUIKO DIGITAL ED 50-200mm F2.8-3.5 SWD
ISO200 49区分割数位ESP测光
白平衡：晴天 JPEG

明亮的环境中可能需要曝光负补偿

■想要再现肉眼看到的亮度，可是茅草屋、杉树林等比较暗沉的部分却占据了⅔的画面，所以，我们要通过曝光负补偿来进行调整。画面的明暗度比率不同，曝光补偿的数值也会发生相应变化。

F3.5	1/3200秒
A模式	无曝光补偿

拍摄效果与真实亮度一致

奥林巴斯OLYMPUS PEN E-P3
M.ZUIKO DIGITAL 12mm F2.0
ISO200 324区分割数位ESP测光
白平衡：晴天 JPEG

顺光摄影往往不需要进行曝光补偿

■顺光下摄影时，一般都不需要进行曝光补偿。既然没有进行曝光的设置，在摄影时就要多注意画面的边角细节。左面的照片在摄影时主要关注了稻草人与天空中流云的平衡感。

F7.1	1/500秒
A模式	-0.7EV 曝光补偿

拍摄效果与真实亮度接近

奥林巴斯E-5
ZUIKO DIGITAL ED 40-150mm F4.0-5.6 SWD
ISO200 49区分割数位ESP测光

按下快门的瞬间至关重要

■儿童节的鲤鱼旗随风飞舞。虽说曝光补偿很好设置，可是在微风中按快门却要找好时机。调整好合适的曝光补偿，然后瞄准被拍摄物连续按下快门。

混合风景照、自然照和特写照

标题中的“山与屋”指的就是大山与房屋相连的部分。在那里，居住着当地的居民，可以窥探到他们一年四季的生活习惯和习俗，甚至可以拍摄到小昆虫和各种动植物的真实画面。而人文景观方面，春可赏花，夏可播种，秋有收获，冬有信念。在这里生活的人有着自己的生活规律，摄影的时候不妨将人文景观、风景和大自然融为一体。

既然要拍摄当地居民的日常生活，那么曝光就最好选择接近肉眼感觉的亮度。在拍摄雨雪和大风的时候，我们还要考虑到可能的抖动，从而进一步调整快门速度。如果想要拍摄出田园风光，最好选择清晨或者傍晚的时间段。同时，如果能巧妙运用白平衡的模式，那我们还可以展现出单色照、棕褐色照等各种具有特性的有趣效果。

“红叶和晴天”——拍出鲜艳色彩的戏剧性

F5.6	1/200秒
A模式	-1EV 曝光补偿

拍摄效果比真实情况暗沉

奥林巴斯E-5
ZUIKO DIGITAL ED 50-200mm
F2.8-3.5 SWD
ISO200 49区分割数位ESP测光
白平衡：晴天 JPEG

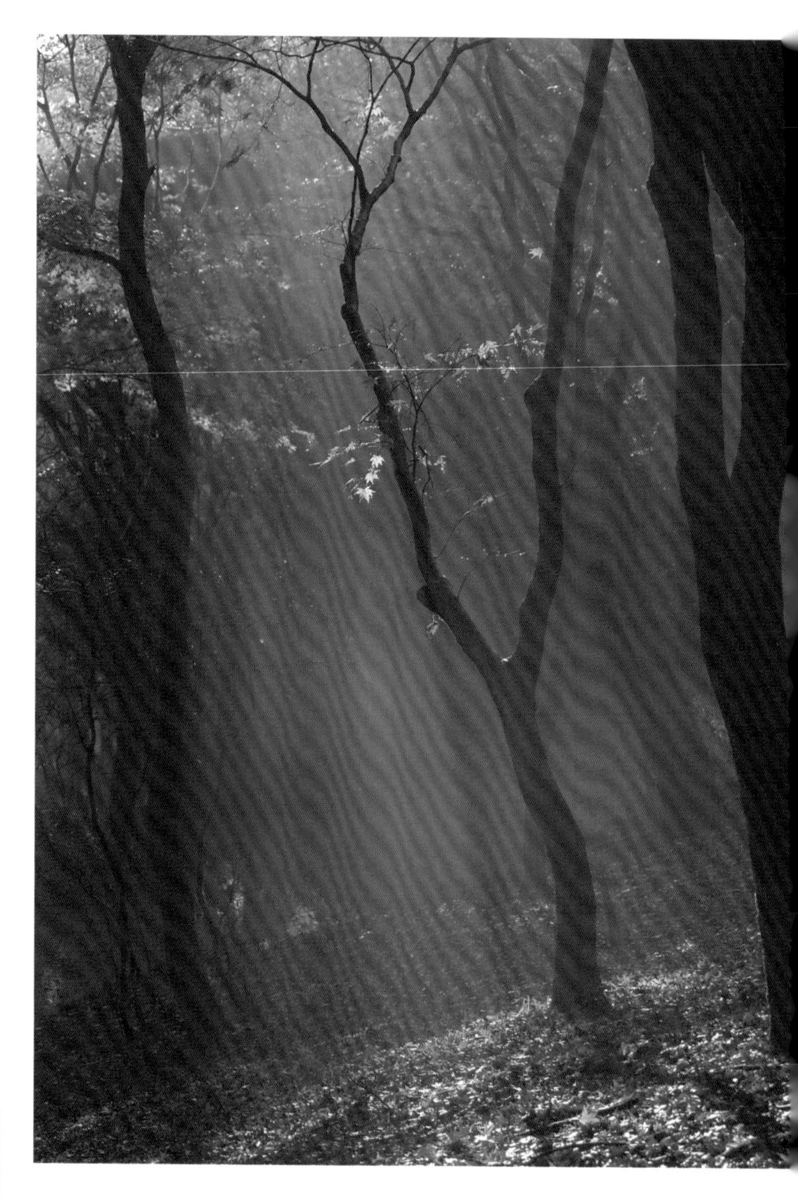

红叶的绚烂充满戏剧性

■阳光就如探照灯一般打在红叶上，为我们的拍摄增添了许多变数。如果要运用现有光线，那就要将画面的亮度调整到低于真实亮度的程度。在调整的时候，还要注意保持红叶的鲜艳色彩。

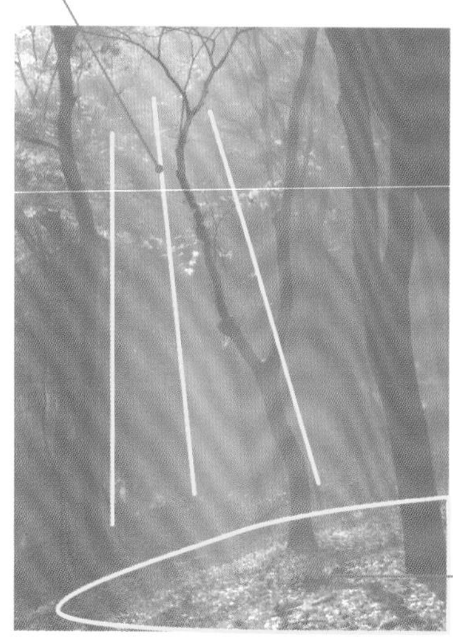

F7.1	1/320秒
A模式	-0.7EV 曝光补偿

拍摄效果比真实情况暗沉

奥林巴斯E-5
ZUIKO DIGITAL ED 12-60mm
F2.8-4.0 SWD
ISO200 49区分割数位ESP测光
白平衡：晴天 JPEG

展现较深的颜色要降低亮度

■满眼的红叶与蔚蓝的天空是绝佳的组合。这时，不加任何曝光补偿也可以得到不错的照片，但为了突显红叶的鲜艳色彩，不妨使用曝光负补偿来增加画面的张力。

F11	1/10秒
A模式	无曝光补偿

拍摄效果比真实情况明亮

奥林巴斯E-5
ZUIKO DIGITAL ED 12-60mm
F2.8-4.0 SWD
ISO200 49区分割数位ESP测光
白平衡：晴天 JPEG

明亮地再现微微晨光的清晨

■雨后的红叶树丛中穿射出簇簇阳光，为了抓住这难得的瞬间，以0.3EV为单位进行各种曝光测试。最后，根据相机的测光和摄影者的拍摄意图，没有使用任何曝光补偿就得到了左面的这幅照片。

F7.1	1/320秒
Av模式	-0.7EV 曝光补偿

拍摄效果与真实亮度一致

奥林巴斯E-5
ZUIKO DIGITAL ED 12-60mm
F2.8-4.0 SWD
ISO200　49区分割数位ESP测光
白平衡：晴天　JPEG

包围曝光摄影之后再慢慢挑选

■白桦林的树叶已经开始泛黄。如果画面的亮度太高，那么黄色给人的冲击力就小了。而如果画面的亮度太低，又会显得浑浊不堪。在拍摄这个场景的时候，摄影者选择了以±0EV为中心的包围曝光摄影，回到家之后再仔细检查细节，最终得到了这张效果最好的照片。

顺光、斜光、侧光、逆光的优点和缺点

晴天下拍摄红叶的首选肯定是红叶与蓝天的组合，可是光源方向要怎么选呢？如果选择顺光的话，可以捕捉到红叶和蓝天的鲜艳色彩；如果选择侧光或者斜光的话，可以展现出画面的张力；如果选择逆光的话，可以模糊物体的轮廓，从而产生一种闪闪发光的透明感。

设置曝光程度的时候，主要参照的是摄影者头脑中的影像。只要记住光源方向不同对画面效果的影响也不同就可以了。

顺光下摄影往往不需要曝光补偿，但是照片效果却缺少立体感，感觉物体都在一个平面上。侧光或者斜光下摄影，相机种类不同可能会造成不同的曝光程度差，所以一般都需要进行曝光补偿。有时通过一定的阴影可以加强照片的张力，给人留下深刻印象。逆光的时候，画面中容易有闪光出现，所以要想清晰展现被拍摄物的轮廓，就需要运用曝光补偿来调节亮度。

16 “红叶和阴天、雨天”——寻找柔美光线的味道

F8	1/2秒
A模式	+2.3EV 曝光补偿

拍摄效果比真实明亮许多

奥林巴斯OLYMPUS PEN E-P3
M.ZUIKO DIGITAL 14-42mm
F3.5-5.6 Ⅱ R
ISO200 324区分割数位ESP测光
白平衡：晴天 JPEG

拍出具有透明感的红叶景观

■上面的照片色调明亮，但实际上却是在阴天拍摄的。这幅照片完美地体现了曝光对照片效果的影响。在+2.3EV曝光补偿的帮助下，照片的氛围轻松明朗了不少。如果担心阴天的摄影效果不好，那就采用大量的曝光补偿来弥补吧！

光线不足时要注意防抖

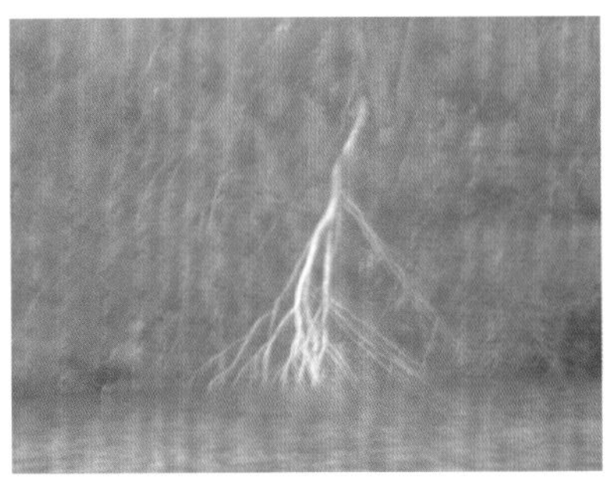

■上面的照片不知是刻意而为还是拍摄失败了。天气不好的时候，拍摄的画面容易出现抖动。所以，我们需要提升ISO感光度，然后选择不容易抖动的快门速度。当然，我们也可以将这张照片看作是摄影者故意拍摄而得到的，毕竟中心物体还算是有存在感的。

F7.1	1/160秒
A模式	+1EV 曝光补偿

拍摄效果比真实情况暗沉

奥林巴斯E-5
ZUIKO DIGITAL ED 12-60mm
F2.8-4.0 SWD
ISO200 49区分割数位ESP测光
白平衡：晴天 JPEG

淡淡的色彩，单色调的美

■空气围绕在树林中，单色调之美不禁让人屏住呼吸。如果不进行曝光补偿，天空就会展现出沉闷的灰色，所以需要通过适当的曝光补偿为其增加一丝轻快。

F4.5	1/100秒
A模式	-1EV 曝光补偿

拍摄效果比真实情况暗沉

奥林巴斯E-5
ZUIKO DIGITAL ED 12-60mm
F2.8-4.0 SWD
ISO200 49区分割数位ESP测光
白平衡：晴天 JPEG

水面的涟漪展现雨天的景象

■通过水池中的落叶和涟漪来展现出秋后小雨的落寞。没有拍摄雨滴，可小雨却仿佛无处不在。拍摄涟漪的时候，必须设置比1/60秒更快的快门速度，这样才可以表现出波纹的锐度。

奥林巴斯E-5
ZUIKO DIGITAL ED 50-200mm
F2.8-3.5 SWD
ISO200 49区分割数位ESP测光
白平衡：晴天 JPEG

通过合适曝光加深阴影的厚重感

■雨后天晴，红叶林一片艳丽的景象。微微泛黑的树干更进一步地突显了红叶的绚烂。构图时不需要过分讲究，只要通过色调对比就可以得到不错的红叶作品了。

坏天气也是摄影的绝佳时间

准备出门摄影，但抬头看天，灰蒙蒙一片。此时，你是不是感觉到灰心丧气呢？还是说你不禁激动不已，因为终于可以拍摄到柔美的光线了？

晴天中摄影，一切都显得轻松和愉悦。但阴天或雨天摄影也有它们的优点。虽说整体的亮度不高，但是我们可以通过曝光补偿来控制和调整亮度。

例如，高调摄影的时候，画面的亮度比真实亮度更高，天气太好的话，照片中难免会出现一些泛白的现象。所以说，在阴天或者雨天中摄影更能保证画面的层次。

低调摄影的时候，画面的亮度比真实亮度更低，但正是这种暗沉的色彩才给人留下了更深的印象。

既然这样，坏天气也可以成为摄影的绝佳时间。不过，我们在阴天或者雨天中摄影，首先要注意的就是防抖。相对于晴天，阴天或雨天的光线不足，在摄影前一定要先检查好光圈、快门速度、ISO感光度等各项设置。

“红叶和特写”——展现浓缩在红叶上的美丽

F3.5	1/125秒
A模式	+1EV 曝光补偿

拍摄效果比真实情况明亮

奥林巴斯E-510
ZUIKO DIGITAL ED 50-200mm F2.8-3.5
ISO400 49区分割数位ESP测光
白平衡：晴天 JPEG

暗沉的环境中同样可以展现红叶的绚烂

■使用长焦变焦镜头拍摄红叶的特写。阴天时，画面的亮度比真实情况要暗，但通过特意的曝光正补偿，我们仍然可以拍摄到红叶的艳丽。此外，摄影者还提升了ISO感光度，防止被拍摄物发生抖动。

■当红叶还不够红呈现出黄色的时候，我们需要大量的曝光补偿来帮助摄影。这张照片在拍摄时采用的是+1.7EV的曝光补偿。

F5.6	1/100秒
A模式	-0.3EV 曝光补偿
拍摄效果与真实亮度一致	

奥林巴斯E-510
ZUIKO DIGITAL ED 50-200mm
F2.8-3.5
ISO400 49区分割数位ESP测光
白平衡：晴天 JPEG

以0.3EV为单位曝光，调整棕褐色的色调

■红叶甚至可以透过阳光，所以摄影时选择背阴处比较暗沉的建筑物来作为背景。为了真实再现红叶的亮度，使用0.3EV为单位尝试摄影，最后确定了最佳曝光值，拍出了带有棕褐色色调的照片。

F3.5	1/400秒
A模式	-0.7EV 曝光补偿
拍摄效果比真实情况暗沉	

奥林巴斯E-510
ZUIKO DIGITAL ED 50-200mm
F2.8-3.5
ISO400 49区分割数位ESP测光
白平衡：晴天 JPEG

通过曝光不足来强调树叶的存在感

■在强光的照耀下，红叶林中的一片叶子特别引人注目。为了突显它的特别和存在，使用曝光负补偿来降低周围的亮度，进而放大光圈虚化了近景和远景。

F4.5	1/30秒
A模式	无曝光补偿
拍摄效果与真实亮度一致	

索尼α900
70-200mm F2.8G
ISO200 矩阵测光
白平衡：日光 JPEG

不加修饰的红叶照

■阴天的时候，红叶仍然散发着一种迷人的味道。哪怕不加任何曝光修饰，直接拍摄，也可以得到一张如画般的照片。画面中，红色和橙色的红叶交相辉映，通过构图的巧妙突显鲜艳的红色，利用虚化增添了别样风趣。

控制曝光不能完全依靠相机设置

拍摄红叶特写时，最好的方法莫过于在小范围内就可以完成摄影了。摄影过程非常快捷，选择背景的方法有很多，可以从红叶后方拍摄，可以从左侧或右侧斜着拍摄等，取景的模式非常多。

但是，拍摄红叶也有不方便的地方。比如，要展现红叶的艳丽，可能需要将镜头向右移动50cm，而且要选择比较暗沉的环境。当阳光太强烈的时候，拍摄效果可能会泛白，所以需要摄影者移动到树荫后拍摄，而且这些情况下都需要进行曝光补偿。在很小的空间内完成摄影，如果能够借助曝光补偿来调整亮度，就可以加快我们的拍摄进程。

18 “雪景和晴天”——高光部分的层次是重点

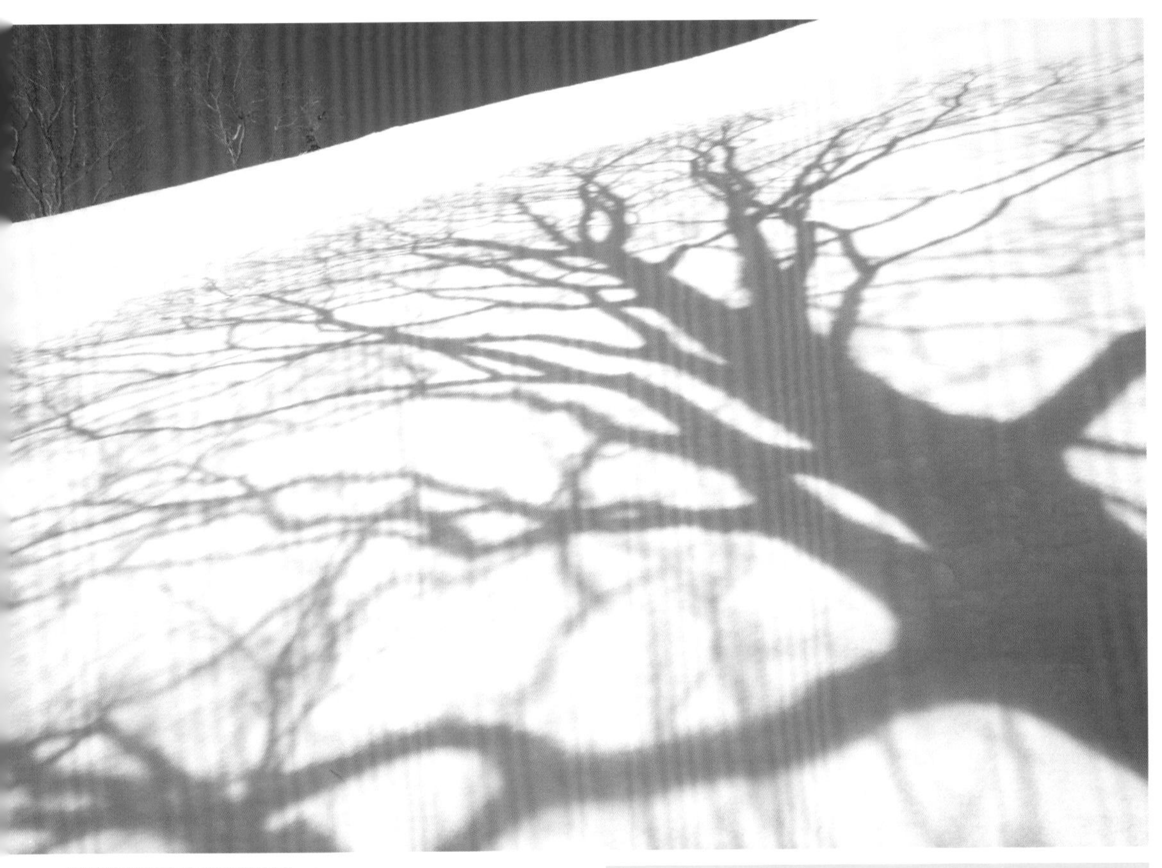

F10	1/640秒
A模式	+0.7EV 曝光补偿
拍摄效果与真实亮度一致	

索尼NEX-2
E 16mm F2.8
ISO200 矩阵测光
白平衡：日光 JPEG

突显白中之白，展现雪景之美

■晴天的雪景中可以看到映射在雪地上的树干阴影，在蓝天的衬托下，构成了一副美妙的雪景图。在调整雪地亮度的时候，注意不要让高光的部分泛白，从而展现出雪景的层次。

■寒冷的早晨，树木上都结上了美丽的冰花。蓝天下挂满冰花的树木看起来格外耀眼。拍摄时站在顺光的位置，真实地拍摄出这让人舒心畅快的早晨。

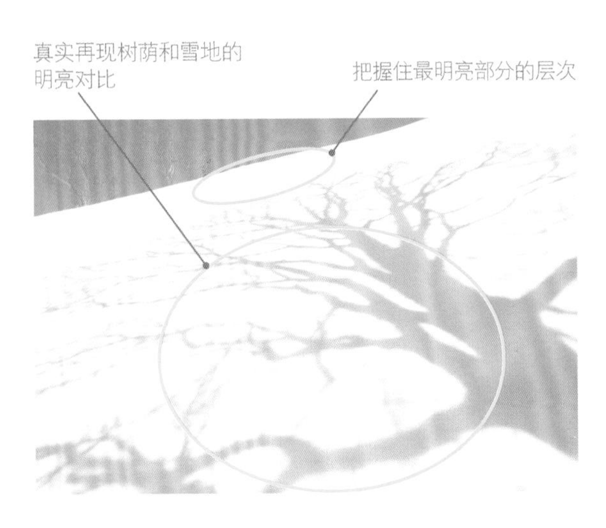

一招曝光即定胜负 点测光的手动摄影

测光的点应该在圆圈位置

实时检查取景器上的数据显示

■计算曝光补偿的时候，最难把握的就是外部光线的因素了，但是只要有了点测光，一切就变得简单了。点测光就是测试一部分画面亮度的测光模式。矩阵测光则需要考虑复杂的计算方法和对焦点等，所以相对于其他测光方式来说，点测光是非常简单的。更何况，我们还可以通过测光取景器的数据来掌握曝光情况，最终帮助我们判断曝光程度。

尼康D3　AF-S NIKKOR 24-70mm F/2.8G ED
F11　1/400秒　ISO200　点测光　白平衡：晴天　RAW　尼康Capture NX 2

摄影的步骤：
①将相机设置到M模式（手动曝光模式）。
②测试画面最重要的部分的亮度（将取景器的中间部分对准需要测光的位置）。
③以上面的图片为例，在对白色偏暗的雪景进行测光时，通过对快门速度和光圈值进行调整，让相机的取景器显示为+0.7~+1.0区间就可以了。
要点：
如果被拍摄物是黄色的花朵，那么取景器的数值到+1.5左右就可以了。如果需要比较暗沉的环境，那可能需要使用-2EV的曝光补偿等，但最终的参考仍然是取景器上的数据。
④选取想要拍摄的景物入镜。
⑤按下快门。

F9	1/60秒
Av模式	没有曝光补偿

拍摄效果比真实情况暗沉

佳能EOS 5D
EF16-35mm F2.8L USM
ISO100 评价测光 白平衡：日光
JPEG

雪原的层次是那样美

■被大雪覆盖的森林中，夕阳从相机的正面射出道道光芒，为整个森林和雪原染上了美丽的颜色。画面中背阴的部分较多，而光线又有着微微的橙色，所以不使用曝光补偿也可以得到完美的色彩，展现出了雪原的层次感。

考虑测光方式，决定曝光程度

晴天的雪地反射阳光的程度很高。在大片大片的白色中，要使用中央重点测光肯定需要大幅度的曝光正补偿。使用矩阵测光就需要参照白色进行曝光，由此可能不需要曝光补偿或者少许曝光补偿就可以得到想要的效果。可是，拍摄白色的雪景时，我们还要注意高光部分的泛白现象。泛白的范围如果比较大，那么雪地的质感就会降低许多。因此，寻找合适的曝光值时，应该以0.3EV的小单位来分阶段拍摄，从而最真实地再现雪景的层次。

受光部分的雪景是白色的，而背影部分则有微微的绿色，通过曝光补偿就可以平衡这个差异。首先我们需要确定雪景到底是什么颜色的，然后再决定曝光程度。假如拍摄时处于比较明显的逆光环境，那我们还要考虑自己想要展现怎样的效果，然后再配合脑海中的影像进行相关设置。

19 “雪景和阴天、下雪天”——为平凡的世界增添色彩

F10	1/50秒
A模式	无曝光补偿

拍摄效果与真实亮度一致

索尼α900
70-200mm F2.8G
ISO200 矩阵测光
白平衡：日光 JPEG

以湖面为背景拍摄下雪的景象

■在大雪中，为了传神地展现出雪景，拍摄的时候以颜色比较暗淡的湖面作为背景。被拍摄物的轻微抖动也并无大碍，根据镜头的焦距将快门速度设置为1/50秒。整体画面不算太亮也不算太暗，所以没有施加任何曝光补偿。

■如果以1/200秒的快门速度摄影，就可以得到雪花瞬间静止在空中的景象。下雪天，通过不同的快门速度，可以捕捉到不同的雪景，因此摄影作品的效果也充满了变化。

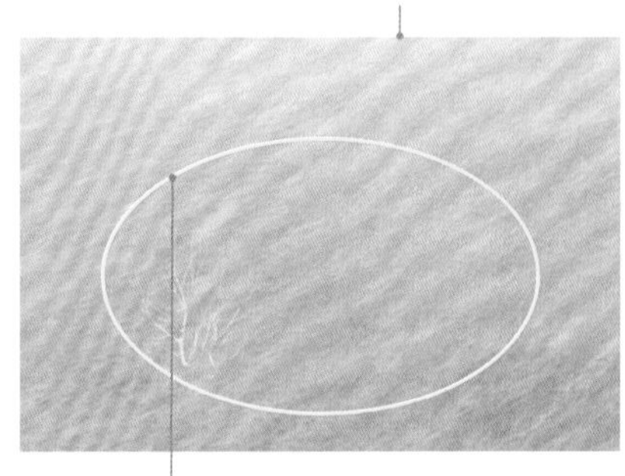

奥林巴斯E-3
ZUIKO DIGITAL ED 12-60mm F2.8-4.0 SWD
ISO100　49区分割数位ESP测光
白平衡：晴天　JPEG

展现雪景的柔媚

■如果不加任何修饰地对银色的雪景直接拍摄，得到的照片可能比较空泛，但我们也可以故意而为之。在拍摄这张照片的时候，选取了等距离分隔开的几棵小树，借此来表现雪景的柔媚。

F11	1/250秒
A模式	无曝光补偿

拍摄效果与真实亮度一致

索尼α900
Distagon T* 24mm F2 ZA SSM
ISO200　矩阵测光
白平衡：日光　JPEG

通过构图提升作品的立体感

■阴天中，雪景不是白色的，而更偏向于灰色。与晴天的雪景相比，如果只是想真实再现雪景的亮度，那就不需要太大的曝光补偿。可是，如果直接拍摄，画面可能会因为缺少明暗对比而变得比较单调。所以，构图时不妨选择错落有致的景物，借此来增加图像的立体感。

快门速度和构图、曝光同等重要

拍摄雪花飘飘的雪景是摄影爱好者的一大喜好。但是，随便拿起相机就按下快门不一定能得到满意的照片。

例如，要想传神地展现下雪的画面，而背景又与雪花没有对比的话就很困难了。因此，最好是选择色彩比较暗淡的树木、水面等来衬托雪景。

此外，雪花毕竟是运动的，由此就说明了选择合适快门速度的重要性。使用长焦镜头等摄影的时候，用1/250秒左右的快门速度就可以捕捉到雪花静态的样子。而使用1/60秒左右的快门速度则可以展现降雪的过程，突显雪花动态的特征。不过，比1/60秒更低的快门速度就没有办法展现下雪的景色了。

在阴天时摄影，画面总会显得比较平淡。为了增加画面的有趣因素，在构图的时候要多花点心思。此外，如果想要展现雪景的柔媚，那还要认真地调试曝光程度。

"结冰"——真实还原冰花的透明感

F22	1/2秒
A模式	+0.3EV 曝光补偿

拍摄效果与真实亮度一致

奥林巴斯OLYMPUS PEN E-P2
M.ZUIKO DIGITAL ED 40-150mm F4.0-5.6
ISO100　324区分割数位ESP测光
白平衡：日光　JPEG

强调出冰柱的透明感

■由溪流水花飞溅而形成的冰柱。用长焦镜头放大画面，以小光圈提高画面的锐度。想要拍出明亮的冰柱，要点就在于强调出冰柱的透明感。

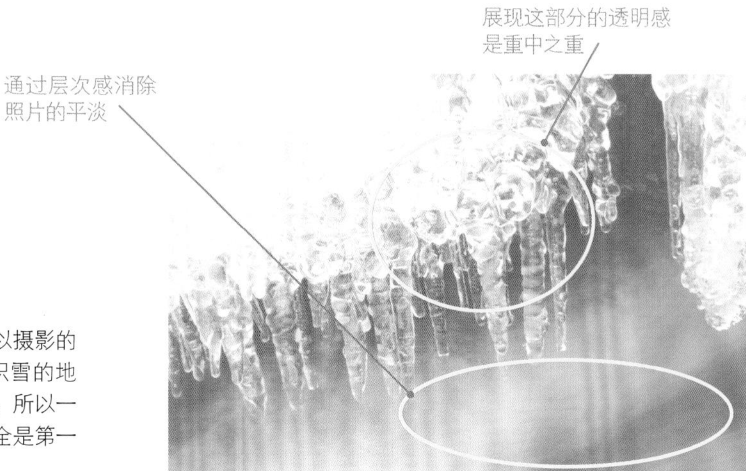

摄影的重点

■有结冰现象的地方都比较滑，所以摄影的时候一定要多加注意。特别是有积雪的地方，因为无法判断积雪到底有多深，所以一般不要随便踏入。总之，摄影时安全是第一位的！

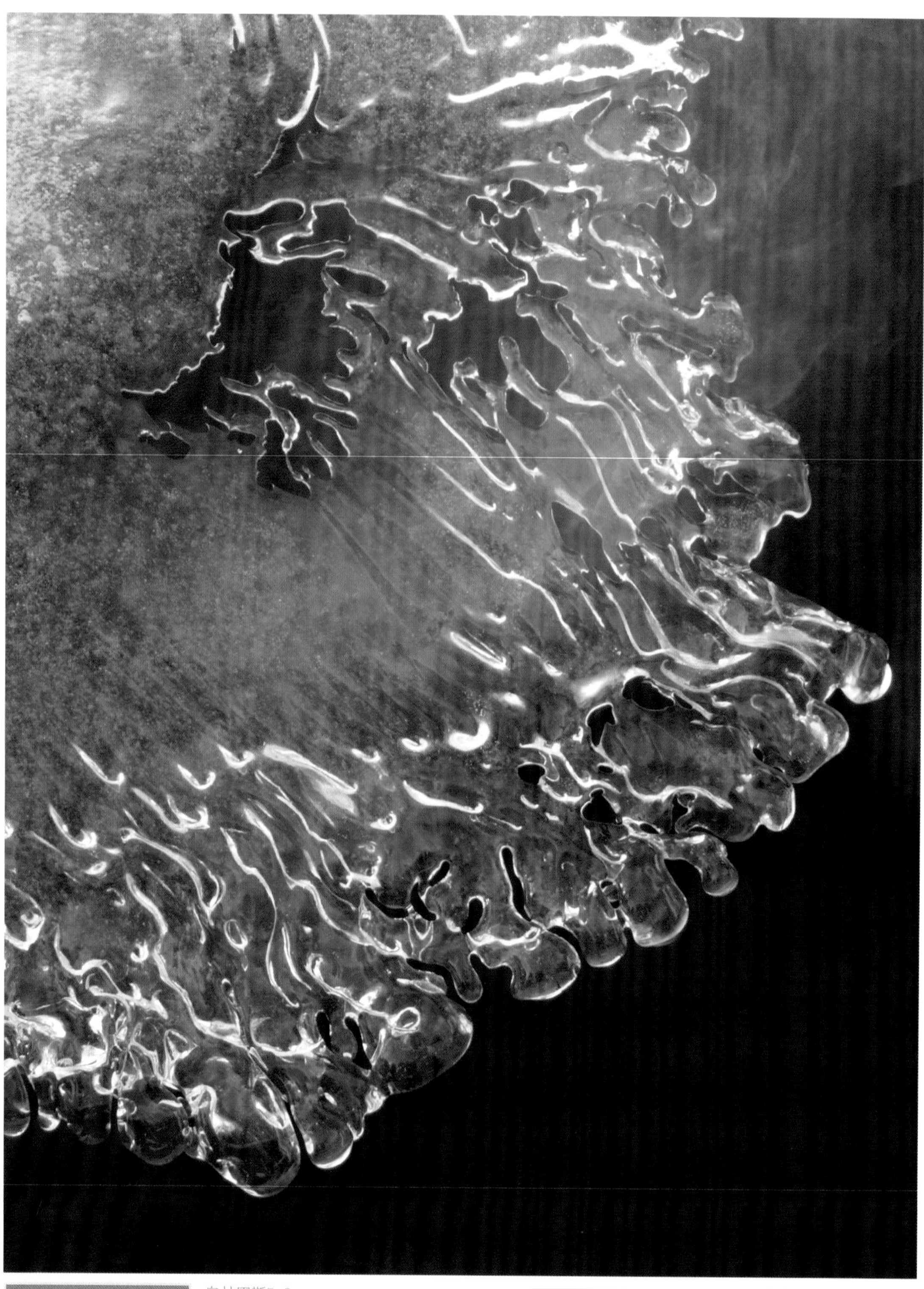

F22	1/2秒
A模式	–0.3EV 曝光补偿

拍摄效果与真实亮度一致

奥林巴斯E-3
ZUIKO DIGITAL ED 50-200mm F2.8-3.5
ISO100 49区分割数位ESP测光
白平衡：晴天 JPEG

关注大自然的鬼斧神工

■选择颜色较暗的河流，可以突显水面上薄薄的冰层。背景比较暗沉而厚重，从而反衬出冰层的轻薄。根据结冰的颜色和所占画面的比例不同，需要使用不同的曝光补偿。这幅作品在摄影的时候，只使用了一点点的曝光负补偿就达到了所需的效果。

F16	1/320秒
Av模式	无曝光补偿

拍摄效果与真实亮度一致

佳能EOS 5D Mark Ⅱ
EF16-35mm F2.8L IS USM
ISO200 评价测光
白平衡：日光 JPEG

洁净的明亮

■使用超广角镜头靠近结冰处拍摄，画面的下方可以看到远处的雪山。通过曝光展现出了洁净的天空与冰的透明感。为了保留画面的锐度，对焦的位置选在了近处的冰上。虽说远处的雪已经模糊了，但只要能展现出雪山的效果就可以了。

F16	1/15秒
M模式	手动曝光

拍摄效果与真实亮度一致

尼康D3
Ai AF VR Zoom-Nikkor 80-400mm F/4.5-5.6D ED
ISO200 点测光
白平衡：晴天 RAW 尼康Capture NX 2

同时展现冰、瀑布与雪的质感

■瀑布的一部分结冰了，在结冰的部分还可以看到上面的积雪。曝光的程度由积雪的泛白情况来决定。同时，为了展现冰块的棱角和后面水流的动感，将光圈值调到很高，使用低速快门拍摄到了这幅佳作。

缩小光圈提高锐度，营造紧张的氛围

严冬中摄影时，最能展现大自然鬼斧神工的就是结冰的景象了。溪流、湖泊、瀑布等，只要是背阴而又有水的地方，总能找到合适的拍摄位置。

在调整曝光程度的时候，需要参照冰的亮度，考虑如何才能展现出它的光辉和透明。当然，根据结冰的厚度、光源的方向，冰块本身的颜色会发生改变，但这并不影响我们判断所需的曝光程度。

如果要展现结冰的细节，那么就需要准确对焦来提升锐度。可是，此时近景和远景都比较容易虚化，所以在对焦的时候一定要尽量缩小光圈，从而加深对焦的可见范围。

如果缩小了光圈，同时又提升了锐度，那么画面的质感就肯定不错。此外，说不定还可以得到一张充满了紧张感的作品。

另外，如果将水流与结冰结合在一起，可以通过水流的动感来突出结冰的效果。

我最在意的还是按下快门的瞬间

清水哲朗

奥林巴斯E-410
ZUIKO DIGITAL ED 50-200mm F2.8-3.5 SWD
F5.6 1/800秒 -0.7EV曝光补偿
ISO200 49区分割数位ESP测光
白平衡：自动

奥林巴斯E-5
ZUIKO DIGITAL ED 50-200mm
F2.8-3.5 SWD
F8 1/160秒 -1.3EV曝光补偿
ISO100 49区分割数位ESP测光
白平衡：晴天

奥林巴斯E-5
ZUIKO DIGITAL ED 50-200mm F2.8-3.5 SWD
F6.3 1/1600秒 -0.3EV曝光补偿
ISO200 49区分割数位ESP测光
白平衡：晴天

根据不同的被拍摄物和具体的拍摄场景条件等，我们需要选择合适的光圈值、快门速度以及ISO感光度来进行合适的曝光。当得到了自己想要的曝光效果时，心里别提有多美了。如果你对于曝光程度的设置没有什么自信的话，一定要好好读一下本书，并多加练习，与实践相结合来提升摄影技巧，找到摄影最适合的曝光程度。

虽说我们谈了这么多曝光，但摄影的时候光注意曝光还不行。曝光设置再准确，如果找不到绝佳的摄影场景，一切的努力也是徒劳。法国的著名摄影师亨利·卡蒂埃·安利布的作品广为人知，抓住了多少人的心。他的作品最妙之处就是抓拍的瞬间，希望大家在平时摄影的时候也要掌握好拍照的时机。

如果抓住了按下快门的时机，那么照片的趣味性就会上升许多。而只有这样，合适的曝光设置才能发挥大作用。不管摄影环境是在大自然中还是在都市中，世间的所有事物都在不断发生着改变。如果曝光设置合适，抓拍的时机又掌握好了的话，那肯定就可以轻松地得到一副优秀的摄影作品！

04 专业摄影师的曝光秘诀

01 水面上漂浮着落叶，具有“动感”的作品由此诞生

长时间曝光，提高作品的完成度

大自然中经常会见到漂浮在水面的落叶、瀑布下方的漩涡、江河、溪流等，有水的地方往往都可以看到一圈一圈的波纹景象。

这些景象都可以通过“模糊”的表现手法来展现。长时间曝光是基础，为了降低快门速度，我们需要降低ISO感光度，根据情况还可能需要缩小光圈。之后，我们还要参照“水流速度”和“模糊程度”，选择最适合的快门速度。同样的场面，因为按下快门时机的不同和具体场景的差异，拍摄到的效果也不尽相同。因此，我们需要多次拍摄，不断提高我们的摄影质量。

在强烈的阳光下，要想让曝光时间长达几秒或者数十秒，设置快门速度的时候就比较麻烦了。所以，我们最好在阴天、背阴或者阳光不太强烈的时候拍摄。当然，也可以配合使用PL滤光镜、ND滤光镜等来减少光量。

摄影要点：

1.	光量较少的时候是拍摄的绝佳时间。 选择阴天、背阴或者阳光不强烈的时候拍摄。
2.	先设定光圈值，然后降低ISO感光度，最后达到所需的较慢的快门速度。
3.	拍摄时机不同，照片的效果就不一样。所以，需要多次拍摄来选择最佳的作品。

F22	13秒
Av模式	-0.3EV 曝光补偿
拍摄效果与真实亮度一致	

佳能ESO 5D Mark Ⅱ
EF16-35mmF2.8L Ⅱ USM
ISO100 评价测光
白平衡：日光 使用PL滤光镜

观察动态，找寻最佳拍摄点

■在瀑布下的水潭中，水流较缓，仔细观察落叶漂浮的样子就会发现，它的周围会出现一个个的同心圆。缩小光圈，使用PL滤光镜来减少水面的反射。通过13秒的长时间曝光来拍摄水面“模糊”的样态。

反复拍摄，寻找最具动感的曝光时间

F20	8秒
A模式	无曝光补偿

索尼α900
Vario-Sonnar T* 24-70mm F2.8 ZA SSM
ISO100 矩阵测光 白平衡：日光
使用PL滤光镜

OK

使用8秒曝光来捕捉漩涡的样态

■降低ISO感光度，缩小光圈，使用8秒的快门速度来拍摄。虽然最后的效果有些模糊，但却突显了当时漩涡的真实样态。

F14	3.2秒
A模式	无曝光补偿

索尼α900
Vario-Sonnar T* 24-70mm F2.8 ZA SSM
ISO200 矩阵测光 白平衡：日光
使用PL滤光镜

NG

模糊处理不足则无法拍出动态

■由于曝光时间不足，所以照片的模糊效果也较少，从而失去了画面的动感。如果在此基础上进一步调慢快门速度，还需要配合ISO感光度和光圈值的调整。

F14	1.3秒
Av模式	无曝光补偿

佳能EOS-1D Mark Ⅱ
EF24-105mm F4 L IS USM
ISO100 评价测光
白平衡：日光
使用PL滤光镜

虚化流动感，展现动态感

■春天里，我们常常会看到樱花漂在水上的景象，如果选择适当的虚化来摄影，那拍摄效果就会更上一层楼。虽说照片的景色中并没有漩涡，但通过虚化却展现出了水流的动感。

我想用ND滤光镜延长曝光时间!

在光线非常强烈的时候拍摄风景，我们往往没有办法将快门速度设置到很慢，自然就没有办法拍摄出我们想要拍出来的效果。此时，为了不影响照片的色彩，我们最好使用ND滤光镜，因为它可以降低光量，同时又可以降低快门速度。ND滤光镜分为几种，如果要拍摄水中的红叶，那就可以采用ND8，它拥有分段式的慢速快门。也可以使用ND16，它有四段式，操作更方便。当然，还有其他ND滤光镜可以进一步降低光量，针对不同的情况可以选择使用。

月光下的神秘风景，难得一见的景象

注意噪点，寻找感光度与快门速度的平衡点

月夜并不如我们想象的那么暗沉，只要适应了环境，我们甚至可以看到月夜下的阴影。不过，摄影却是另外一回事了。如果像白天一样使用自动对焦，效果肯定不太好。此外，快门速度如果慢于1秒，手持相机拍摄就很麻烦。所以，我们首先要使用三脚架来固定相机，将相机的焦点聚集在画面中相对白色（比较明亮）的部分。

关于曝光，在ISO100的感光度下，快门速度会达到一个可设置的极限。这时，我们需要提高ISO感光度，在没有曝光补偿的情况下将其调整到可测光的范围内。接下来，试着拍摄一些照片，针对被拍摄物的亮度和色彩找寻合适的曝光补偿数值。ISO感光度会受到镜头光圈的影响，但一般来说可以设置为ISO800或者ISO1600等。

在提升了ISO感光度之后，画面的画质和层次感都会受到影响。为了不产生噪点，我们需要慢慢降低ISO感光度，同时慢慢降低快门速度。此时，相机也要设置为“Bulb”模式，通过多次试拍得到的快门速度为基准来推算出最佳的设置。具体来说，ISO400时大概为30秒的曝光时间，ISO200时大概为1分钟的曝光时间，ISO100时大概为2分钟的曝光时间。

摄影要点：

1. 自动对焦无法使用的时候，我们需要采用手动对焦，将焦点汇聚在画面中比较明亮的部分。
2. 基础的曝光数值可以在提升ISO感光度、“光圈优先自动曝光”的情况下测光获得。
3. 注意画面的噪点，降低ISO感光度和减缓快门速度都可以防止噪点的出现。

F4.5	30秒
Av模式	-1EV 曝光补偿

佳能EOS 5D Mark Ⅱ
EF16-35mm F2.8L IS USM
ISO800 中央重点平均测光
白平衡：日光

取景框架影响曝光设定

■这幅照片与119页的照片拍摄场相同，但却选择了将水流入镜。虽然看不到星空的美，但是却可以降低曝光程度来营造夜晚的感觉。

F3.5	25秒
Av模式	-0.7EV 曝光补偿

佳能EOS 5D Mark Ⅱ
EF70-200mm F2.8L IS USM
ISO100 中央重点平均测光
白平衡：日光

月光下的光与影

■在皎洁的月光下，淡淡的云层中透露出了一束光芒。拍摄时，降低曝光的程度，展现出月光从云层中穿透而过形成的光束。

F8	30秒
Av模式	-1.3EV 曝光补偿

佳能EOS 5D Mark Ⅱ
EF16-35mm F2.8L IS USM
ISO800 中央重点平均测光
白平衡：日光

月夜里的雪景，较暗的曝光补偿

■即使是在月夜下，雪景的白色仍然十分突出。为了营造出夜晚的氛围，我们不能过于突显雪景的白色，因此需要使用合适的曝光值来调整画面的亮度。

月夜的景色不能偏绿

月光下摄影，照片的效果往往会有点偏绿或偏白。实际上，我们看到的颜色应该跟阳光下的颜色差别不会特别大。为此，当看到月夜中拍摄的照片时，总觉得跟自己当时看到的景象有一定的差距。为了真实再现当时看到的景色，我们需要同时调整曝光和白平衡。如果想要拍出月色的冷艳，需要使用白平衡的“白炽灯”模式，或者将色温设置得更低。为大家示范的例子就是使用“白炽灯”模式拍摄到的月夜。

F4.5	30秒
Av模式	-0.3EV 曝光补偿

佳能EOS 5D Mark Ⅱ
EF16-35mm F2.8L IS USM
ISO800 中央重点平均测光
白平衡：日光

展现月夜和星空的魅力

■满月下的瀑布和星空甚是美丽。在满月的照耀下，适当提升感光度就可以采用自动模式测光了。为了清晰地展现星空的美丽，拍摄时要注意控制曝光时间。

03 使用长焦镜头或者增倍镜来展现出太阳的恢弘和魅力

在决定曝光值时一定要保护好眼睛

要想拍摄太阳的特写，需要运用到长焦距的镜头（请参照右方的介绍）或增倍镜等。决定曝光程度的方法有很多，可以根据太阳的具体情况进行曝光正补偿或者曝光负补偿。

例如，日出或者日落前后的太阳往往有一种慵懒的感觉，大部分时候都需要进行曝光负补偿。而阳光强烈的时候，则需要进行曝光负补偿。此外，有时阳光很强烈，但是摄影者想要展现太阳的色彩，那就可能需要进行曝光负补偿。也就是说，曝光值的设置要根据具体情况而定。

可是，曝光负补偿时，虽然太阳的颜色看清楚了，但其周围的景物却“黑了下来”。不过，这样却能展现阳光穿越云层营造出的优美氛围，从而得到一幅不错的作品。

拍摄太阳的时候，首要注意的就是保护好我们的双眼。为此，我们不能长时间地盯着取景器看。其外，相机的感应器等可能会在强光下被烧毁，所以也要引起注意。

摄影要点：

1. 拍摄太阳的特写时，长焦镜头拍出的效果最佳，也可以使用增倍镜等。
2. 当我们觉得阳光过于强烈时，可以使用曝光正补偿来找寻合适的曝光程度。
3. 曝光负补偿之后，画面整体亮度降低，可以拍摄到穿透云层的光线，整体画面也比较有层次感。

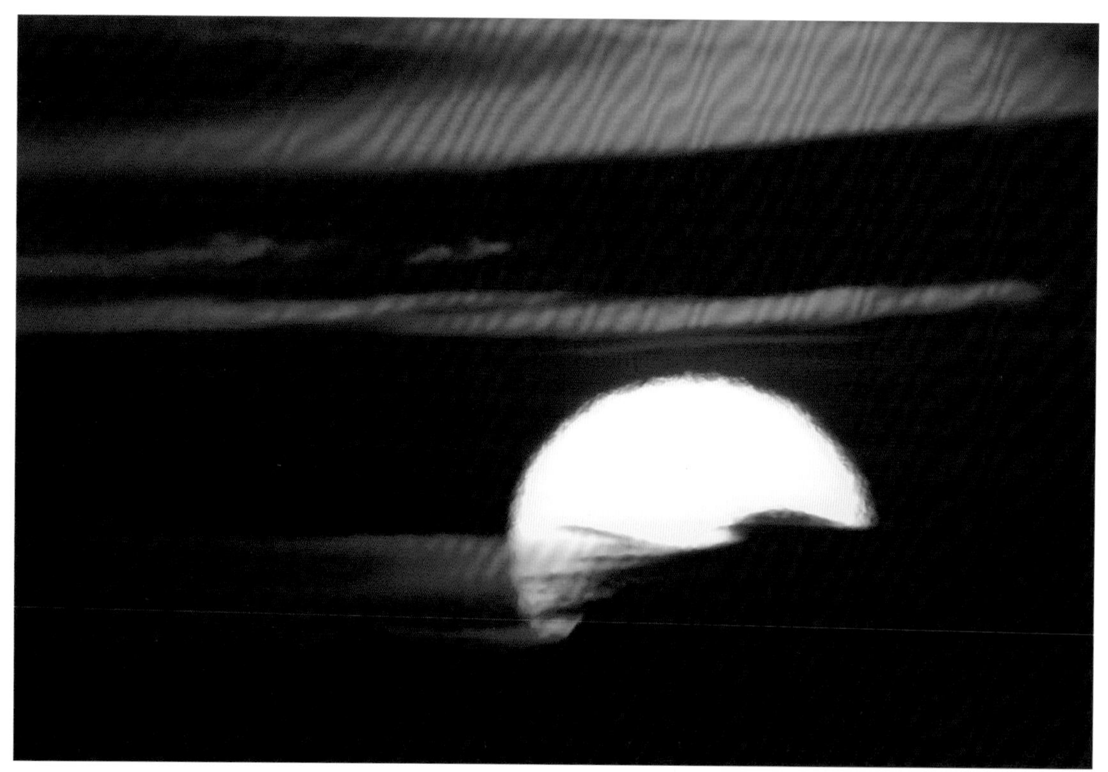

F10	1/400秒
Av模式	+1.7EV 曝光补偿

佳能EOS-1D Mark Ⅱ
EF5005mm F4L IS USM
+EXTENDER EF2XⅡ
ISO100 评价测光
白平衡：日光

使用超长焦镜头拍摄夕阳和美艳的云彩

■使用焦距500mm的镜头+双倍增倍镜来拍摄夕阳的美景。阳光还有些耀眼，但云层刚好遮住了太阳的下半部分。在合适的曝光补偿下，最终拍摄到了这幅作品。它既展现了太阳的层次感，又突出了云彩的亮度。

F10	1/1250秒
Av模式	+3EV 曝光补偿

佳能EOS-1D Mark Ⅱ
EF5005mm F4L IS USM
+EXTENDER EF2XⅡ
ISO100 评价测光
白平衡：日光

+3EV的曝光补偿突显太阳的层次

■在拍摄上页的照片几分钟之后，又使用1.4倍的增倍镜拍下了上面的照片。虽说阳光还很耀眼，但通过较大的曝光正补偿展现出了太阳和云层的层次。

太阳的大小可以通过焦距来计算

实际拍摄到的太阳的大小可以用公式“焦距/100mm”来计算。也就是说，如果是500mm焦距的镜头，那么太阳的直径就是5mm，而1000mm焦距的镜头，太阳的直径则是10mm（展现在感应器上的大小）。例如，我们要想展现10mm大小的太阳，那么它的大小就大约是APS-C感应器（大约22mmX15mm）短边的2/3长，比全尺寸感应器（36mmX24mm）短边的1/2略短。拍摄太阳特写时，我们需要延伸焦距，所以有时甚至需要重叠增倍镜。虽说这样会使太阳的影像显得不够清晰，但是，这才是拍摄出“恢宏”太阳的诀窍哟！

拍摄意图影响曝光设置

F8	1/8000秒
Av模式	无曝光补偿

佳能EOS-1D Mark Ⅱ
EF5005mm F4L IS USM
+EXTENDER EF2XⅡ
ISO400 评价测光 白平衡：日光

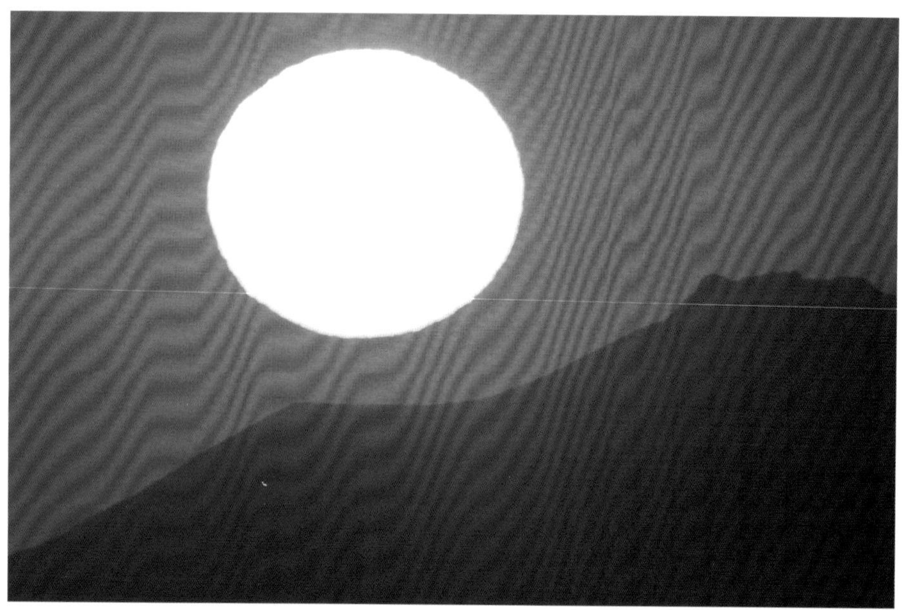

从远方的山峰上升起了一轮朝阳。朝阳有它特殊的魅力，不需要曝光补偿也可以展现出山峰的轮廓和天空的明亮。

F11	1/8000秒
Av模式	−1EV 曝光补偿

佳能EOS-1D Mark Ⅱ
EF5005mm F4L IS USM
+EXTENDER EF2XⅡ
ISO400 评价测光 白平衡：日光

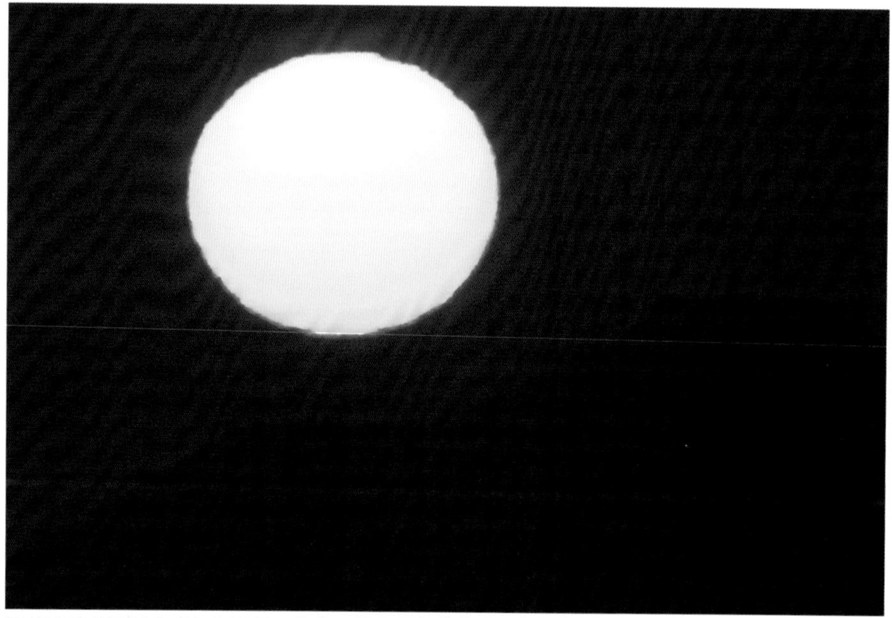

这幅照片的取景方式与上图是一致的。没有曝光补偿的时候，太阳会显得比较白。所以，这次选择了−1EV的曝光补偿来突出层次感。

闪闪群星陪伴下的深邃夜空

拍摄星空最重要的是快门速度

拍摄星空的方法主要有两种，一种是捕捉星空中的群星，一种是捕捉群星移动的轨迹。

如果单是拍摄群星，那么可以使用光圈优先自动模式，打开光圈，使用ISO3200左右的感光度。此时，我们要注意曝光的时间，广角镜头大概需要30秒，而普通镜头则需要10秒左右，所以要适当地调整ISO的感光度。焦距越长，所需要的曝光时间就应该越短，不然的话，就可能拍摄不到清晰的群星照片了。

如果是拍摄群星移动的轨迹，那么一般的设置应该是：感光度ISO100，摄影模式Bulb模式，光圈值为F8，曝光时间为60分钟。不过，这只是一个大致的标准，我们可以使用ISO200、F4的光圈值、7分钟的曝光时间来试着拍摄一张。实际摄影的时候，如果光线太弱，可以提高ISO感光度，打开光圈；相反，如果光线不弱，那么就需要降低ISO感光度，调整相应的曝光程度。要想拍摄群星，最好是选择一个比较明亮的摄影地点，然后在看不到月亮的时候进行拍摄。

摄影要点：

1. 拍摄群星可以使用广角镜头，曝光时间30秒；标准镜头的曝光时间则为10秒。
2. 拍摄群星闪耀轨迹的时候，使用较低的ISO感光度，选择60分钟的曝光时间。
3. 为了突显夜空的魅力，可以将相机的白平衡设置为“钨灯”（白炽灯）模式。

F8	40分钟
Bulb模式	无曝光补偿

佳能EOS 5D Mark Ⅱ
EF16-35mm F2.8L USM
ISO100
白平衡：白色荧光灯

使用超广角镜头来捕捉星象的轨迹

■上图是在日本的静冈县田贯湖拍摄到的富士山轮廓和星象轨迹的照片。拍摄时使用了超广角镜头，虽然还是难以捕捉到较长的星象轨迹，但通过长达40分钟的曝光后，依然得到了非常理想的效果。

考虑群星的移动，用快门速度决定曝光值

F3.5	30秒
Av模式	+2EV 曝光补偿

佳能EOS 5D Mark Ⅱ
EF16-35mm F2.8L USM
ISO6400　中央重点平均测光
白平衡：日光

使用广角镜头拍摄群星静态照片，快门速度大约设置为30秒

■如果按照35mm胶片的换算方式，16~24mm的广角镜头比较适合使用30秒左右的曝光时间。如果曝光时间过长的话，群星就可能因为移动而发生晃动。摄影时，要注意画面的噪点和画质。同时，为了能够慢速摄影，我们还需要提升ISO感光度。

F5.6	45分钟
Bulb模式	无曝光补偿

佳能EOS 5D Mark Ⅱ
EF16-35mm F2.8L USM
ISO200　中央重点平均测光
白平衡：日光

拍摄星象轨迹，使用60分钟的曝光时间

■在1个小时内，以北极星为中心的群星会有约15°的弧形位移。以北方为中心来看，东方的群星会从左下角向右上角移动，而西方的群星则会从左上角向右下角移动。也就是说，我们在取景的时候就应该考虑到群星的移动轨迹。当然，曝光时间越长就可以越清晰地捕捉到群星的运动轨迹，所以，一般会设置为60分钟。

F3.5	12分钟
Bulb模式	无曝光补偿

佳能EOS 5D Mark Ⅱ
EF16-35mm F2.8L USM
ISO100 白平衡：日光

曝光时间过短造成的失败

■曝光时间过短的话，就只能得到一张普通的照片。所以，决定好想要的画面效果之后再进行曝光设置吧。

提高ISO感光度，通过实时取景器来对焦群星

拍摄群星的时候很难对焦。使用相机的自动对焦功能是不可能对焦的，所以只好通过实时取景器来进行手动对焦了。提高ISO感光度之后，从液晶屏上就可以看到群星的画面，然后选择比较明亮的星星并将其放大，通过手动开始对焦。不过，使用长焦镜头时，即使手动对焦也很难对焦准确，这要多多引起注意。此外，哪怕我们看到实时取景器上的图像已经非常清晰了，也仍然要先试着拍摄一张，放大查看效果之后再做决定。

华灯初上的夜晚，充满魅力的夜景

F6.3	8秒
Av模式	+1EV 曝光补偿

佳能EOS 5D Mark Ⅱ
EF70-200mm F2.8L USM
ISO100 中央重点平均测光
白平衡：日光

夕阳下的港口夜景

■日落之后45分钟左右，天空中还有一些朦朦亮光，而街道上已是灯光闪耀。如果没有进行曝光补偿，效果会比较暗淡。所以，我们通过+1EV的曝光补偿展现出了城市港口夜晚的繁华和美丽。

夜景的最佳拍摄时间是日落后30分钟左右

华灯初上的城市充满了魅力，但倘若天空完全黑了下来就失去了拍摄时机。也就是说，天空还有一些蒙蒙亮的时候就是拍摄夜景的绝佳时机了。

日落之后，街道上有了形形色色的灯光，一切显得慵懒而朦胧。天空中还有一些光亮，而街道上的灯光也不会太耀眼。当然，拍摄的时间要随着季节和摄影角度等的变化而变化，不过，拍摄夜景往往都要选在日落后20~30分钟，天空和街道都有一些亮光的时候。如果要拍摄向西方向的夜景，那么可以选择日落之后30~45分钟的时间段。

关于曝光的设置，在日落之后往往需要一些较暗的曝光补偿。随着天空越来越暗，我们需要进行较亮的曝光补偿。也就是说，拍摄的时候一定要想着这是“夜晚”。不过，具体的曝光补偿数值会受到测光方式、取景等影响，所以，摄影之后要反复查看，进而决定最佳曝光值。

提到夜景，许多人都会联想到华灯初上的美丽。但假如说能够将天空也融合进来，很有可能得到绝佳的摄影作品。

摄影要点：

1. 日落之后30分钟左右，天空中还有一些亮光，这是最佳的摄影时间。
2. 要想拍摄尚有余光的天空，就需要曝光负补偿；要想拍摄华灯初上的街道，就要进行曝光正补偿。
3. 街道的夜景在工作日和周末是完全不同的。城市的工作区域在周末时往往光线都比较暗淡。

日落之后的不同时间段，曝光的程度不同

拍摄日落后的天空需要使用曝光负补偿

■右图是日落之后天空与街道的景色。虽然街道比较暗淡，但通过-2EV的曝光补偿可以突显出天空的颜色。

F6.3	1/50秒
Av模式	-2EV 曝光补偿

佳能EOS 5D Mark Ⅱ
EF16-35mm F2.8L USM
ISO400 中央重点平均测光
白平衡：日光

日落时分

使用曝光正补偿来展现天空和夜景

■日落之后35分钟，天空中的云朵还依稀可见。使用曝光正补偿来提升画面亮度，同时拍下了云层与街道的景象。

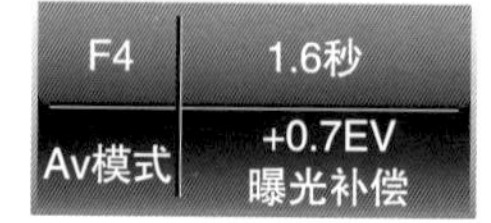

F4	1.6秒
Av模式	+0.7EV 曝光补偿

佳能EOS 5D Mark Ⅱ
EF16-35mm F2.8L USM
ISO100 中央重点平均测光
白平衡：日光

日落30分钟后

使用曝光负补偿来增加天空的张力

■日落之后60分钟，已经不太适合拍摄城市夜景了。不过，当天空完全黑下来之后，我们可以使用曝光负补偿来增加天空的张力。

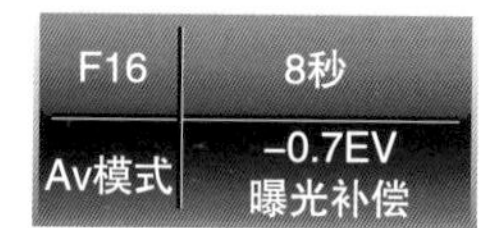

F16	8秒
Av模式	-0.7EV 曝光补偿

佳能EOS 5D Mark Ⅱ
EF16-35mm F2.8L USM
ISO100 中央重点平均测光
白平衡：日光

日落70分钟后

用长焦镜头手持相机拍出几何模样

夜晚里闪闪发光的大型摩天轮，用长焦镜头手持相机可以拍摄出非常漂亮的几何图案。大家在拍摄夜景的时候，不妨尝试着拍拍看。这时，最重要的是拍摄速度。拍摄的时候不需要让天空入镜，只要能够装下摩天轮就可以了。同时，可以转动相机焦距环，从而得到理想的效果。

佳能EOS 5D Mark Ⅱ
EF28-300mm F3.5-5.6L IS USM
光圈优先自动曝光（F11 0.4秒） 中央重点平均测光
ISO250 白平衡：日光

06 多种手法拍摄雨景，展现静谧之美

使用1/125秒以下的快门速度来展现雨景的静谧氛围

拍摄雨景可是一件难事。雨滴是运动的，而且小而透明，很容易拍出其周边的景物都很暗淡的画面效果。

如果拍摄重点是雨，那么就要选择色彩浓郁的树木作为背景。此外，我们还要选择焦距较长的镜头，然后对焦在近景上，以虚化背景。拍摄雨景的时候，快门速度设置为1/125秒~1/30秒比较合适。拍摄速度较慢的时候，雨滴可能会成为一条线，但这并不是一定的，所以要根据具体情况来进行设置。

下雨天可以拍摄的不仅是雨滴本身，还有雨滴溅到水面上的波纹、被雨淋湿的景物等。要想拍摄水纹就应使用1/60秒左右的快门速度，而拍摄湿漉漉的树木则需要通过曝光负补偿来降低亮度，增加静谧的感觉。当然，我们也可以使用PL滤光镜来拍摄出更为特殊的雨景。

摄影要点：

1. 拍摄雨景要选择可以虚化背景的镜头，选择合适的对焦位置和光圈值。
2. 雨滴适当模糊也没关系，使用长焦镜头时，快门速度大概是1/125秒~1/30秒。
3. 拍摄雨中景物时，可能会出现画面泛白的情况，可以适当降低曝光程度来增加静谧的感觉。

F6.3	1/30秒
Av模式	无曝光补偿

佳能EOS 5D Mark Ⅱ
EF70-200mm F4 Ⅱ USM
ISO250 评价测光
白平衡：日光

使用长焦镜头展现虚化的雨景

■上图的镜头焦距为200mm。背景中是色彩浓郁的树木，使用1/30秒的快门速度，拍摄出了雨滴连成线的景象，借此传达出了静谧而安详的绵绵雨景氛围。

F5.6	1/100秒
Av模式	-1EV 曝光补偿

奥林巴斯E-5
ED 12-60mm F2.8-4.0 SWD
ISO400 中央重点测光
白平衡：阴天

水波的美与快门速度

■深秋的雨天，小小的水池中溅起了一个个同心圆的涟漪。水波来去匆匆，反复拍摄后选择了这幅最佳摄影效果的作品。

F4.5	1/400秒
A模式	无曝光补偿

索尼α77
70-200mm F2.8G
ISO200 矩阵测光
白平衡：日光

NG

快门速度过快则失去了拍摄雨景的乐趣

■暴雨中拍摄，将焦点对准山腹，使用1/400秒的快门速度。可是，雨滴只有一点晃动，没有出现宛如光线一般的美感。

F16	2秒
Av模式	无曝光补偿

佳能EOS 5D Mark Ⅱ
EF16-35mm F2.8L USM
ISO200 评价测光
白平衡：日光

暗淡中得以突显的光亮和质感

■树根在下雨天展现出了极具特色的一面。它微微发着白光，用比较暗淡的背景可以突显这一特点。

拍摄雨景要注意保护器材

如果相机或者镜头淋了雨水，很可能发生损坏。所以，拍摄雨景的时候，一定要使用毛巾或者塑料袋包裹住器材，必要的时候还要使用防雨膜。此外，还要注意附着在镜头上的水雾，它们可能会影响到我们的拍摄效果。所以，摄影之前应该先检查镜头，使用干布来擦拭镜头，保持镜头的清洁。每天摄影结束之后，还要使用专用的清洁布来擦拭镜头，并且让镜头自然风干，这都是维护摄影器材的必要操作。

风中摇曳的景物，照片特有的景象

从照片中观察风势，决定拍摄动态景象的曝光时间

“风”总是让人捉摸不透，为了展现它的风姿，需要展现景物的动态。也就是说，我们可以用较慢的快门速度来特意拍摄摇曳的景物，从而表现出起风后的效果。这时，要将相机设置为快门优先自动曝光。

快门速度会受到被拍摄物的影响，如果景物只是微微摇摆即是微风，如果摇摆幅度大则是强风了。可是，在我们降低了快门速度之后，被拍摄物的形态可能就不清晰了，所以，我们要针对风力选择合适的曝光时间。

相反，如果使用较快的快门速度则可以展现出瞬间凝固的“动态”。例如在风中飞舞的花瓣，两种拍摄方式都可以展现其美丽。为此，摄影者应该首先要具备一个拍摄的设想。在拍摄花瓣飞舞的时候，最好选择蓝天或者阳光较弱的阴天（增加与花瓣的色差）。

摄影要点：

1. 相机设定为快门优先自动曝光模式，一边调整快门速度一边尝试摄影。
2. 想象动态的景致，反复试拍后找寻最合适的快门速度。
3. 手持相机拍摄，针对不同的景物来进行取景，可以尝试连拍功能。

F20	1/25秒
Tv模式	+0.7EV 曝光补偿

佳能EOS 40D
EF16-35mm F2.8L USM
ISO200 中央重点平均测光
白平衡：日光

用1/25秒的快门速度来展现樱花飞舞

■拍摄漫天飞舞的樱花花瓣可以展现出风的姿态。快门速度根据镜头的焦距不同而不同，使用广角镜头时，大概选择1/25秒左右的快门速度即可。

F8	1/400秒
Tv模式	-0.7EV 曝光补偿

佳能EOS 5D Mark Ⅱ
EF70-200mm F2.8L USM
ISO250 中央重点平均测光
白平衡：日光

微风中的景象

■使用长焦镜头拍摄远方飞舞的花瓣。选择合适的快门速度，拍摄出微风下的美丽景色。

长时间曝光来展现风中变幻的云层

使用慢速快门来展现风的姿态时，选择的对象不仅局限在花草树木上。例如天上的云层，乍看没有任何变化，但它却在风的吹拂下时刻发生着改变。使用广角镜头曝光30秒左右，就可以再现云层的风卷云涌。如果是白天拍摄，需要使用ND滤光镜来降低快门速度。

佳能EOS 5D Mark Ⅱ
EF16-35mm F2.8L Ⅱ USM
快门优先自动曝光（F22 30秒）
中央重点平均测光 ISO100 白平衡：日光

根据摄影者的意图来决定景物摇曳的程度

F32	1/5秒
Tv模式	+2EV 曝光补偿

佳能EOS 5D Mark Ⅱ
EF70-200mm F2.8L IS USM
ISO100 中央重点平均测光
白平衡：日光

拍摄出暖春的意境

■山樱在春风中摇曳生姿，使用较慢的速度拍摄。此外，还要进行比较明亮的曝光补偿，增加樱花的柔美感。

F32	1/2秒
Tv模式	+2EV 曝光补偿

佳能EOS 5D Mark Ⅱ
EF70-200mm F2.8L IS USM
ISO100 中央重点平均测光
白平衡：日光

晃动较多就会模糊不清

■与上图的取景方式完全相同，但是晃动的程度却不一样。虽说其他设置完全相同，只是快门速度慢了点，但却拍摄出了宛如风暴一般的感觉。

08 钻石般熠熠生辉的尘埃，寒气凛冽的冬之景象

使用较慢的快门速度和适当的曝光负补偿进行拍摄

肉眼看到的闪闪发光的景象在照片中不一定可以得到展现。为了拍摄出这一美景，我们需要选择逆光拍摄，特别是当背景为背阴处的时候最好。如果整体环境明亮，我们就看不到点点闪光，所以需要适当的曝光负补偿。此外，为了展现在微风中飞舞的尘埃，我们需要选择不会发生晃动的快门速度。此外，如果是冬天的早晨，我们还会看到空气中的点点亮光（在特别寒冷的清晨可能看到），在拍摄它们的时候也要选择较为暗淡的背景。如果环境过于明亮，那就必须要使用曝光负补偿了。

结晶的冰粒只有通过较快的快门速度和曝光负补偿才能展现出来。摄影的时候一定要牢记这个基本原理，仔细寻找最佳的焦点和拍摄角度（逆光时比较容易看到光亮），最终获得满意的摄影作品。

摄影要点：

1. 无法拍摄出熠熠生辉的景致时，需要使用曝光负补偿来降低环境亮度。
2. 拍摄风中飞舞的尘埃，需要选择不会发生晃动的快门速度。
3. 为了清晰展现被拍摄物，需要选择背阴处等较暗的拍摄环境。

F11	1/400秒
Av模式	无曝光补偿

佳能EOS 5D Mark Ⅱ
EF70-300mm F4-5.6L IS USM
ISO200 评价测光
白平衡：日光

挂满冰霜的树与飞舞的尘埃

■画面的背景是一片背阴处，借用暗淡的背景来突显尘埃的亮光。画面右方的圆点只是处于近景的尘埃被虚化之后产生的效果。

F11	1/500秒
Av模式	无曝光补偿

佳能EOS 5D Mark Ⅱ
EF70-300mm F4-5.6L IS USM
ISO200 中央重点平均测光
白平衡：日光

明亮的背景无法展现亮光

■这张照片与上一页的照片拍自同一个位置，但是由于背景过于明亮，所以看不到尘埃闪光的画面效果。

F11	1/320秒
Av模式	-IEV 曝光补偿

佳能EOS-1D Mark Ⅱ
EF70-200mm F2.8L IS USM
中央重点平均测光 ISO100
白平衡：日光

曝光负补偿来防止光芒泛白

■逆光下拍摄树木上的冰霜，会出现非常美丽的光芒。如果靠近后拍摄，就会发现光芒很耀眼，但为了不让画面出现泛白，我们需要进行曝光负补偿。

佳能EOS-1D Mark Ⅱ
EF16-35mm F2.8L USM
ISO200 中央重点平均测光
白平衡：日光

用暗沉的背景突显光晕

■摄影当天气温在-20℃左右，朝阳放射出束束光芒。拍摄时选取颜色暗沉的小岛作为背景，并进行适当的曝光负补偿。

严冬摄影，注意保护器材

熠熠生辉的尘埃、光束等都是在严冬时期经常可以看到的景象。一般来说，气温下降到-10℃以下时，摄影者除了要进行自身的防寒，还要保护好相机等摄影器材。一般来说，相机的工作环境是在0℃以上，如果低于这个温度，相机可能就不会工作了。所以说，我们需要事先做好准备工作。摄影的时候，不要将相机放到三脚架上就不管了，最好是在将要拍摄的时候再放上去。尽量减少相机与外部空气接触的时间，从而保护好相机。

09 幽静的月光印象

为了拍摄出美丽的月亮，我们可以用点测光来计算曝光值

当拍摄有月亮的风景时，我们最好选择日出前或日落后的时间段。特别是当月亮的位置较低的时候，其在大气层的影响下会变得比较暗淡，我们看到的风景和月亮就会更加和谐，此时的月亮就可以作为风景的一部分入镜了。相反，如果天空已经完全黑下来了，而月亮又处于较高的位置，月亮与周边景物的亮度差就会很大，自然也就容易出现泛白现象。

计算月亮的曝光值，我们一般是通过点测光来进行的。当然，没有曝光补偿时，也可以将月亮拍摄得很漂亮。如果使用中央重点平均测光的方式，那么中心部分就是-4EV~-5EV，而使用矩阵测光的方式，大概是-1EV~-2EV。如果使用长焦镜头拍摄月亮，所需要的曝光补偿数值就会小一些。

可是，我们不能一味地只关注月亮的曝光数值，既然是拍摄风景，那么景物的曝光也是很重要的。当然，如果想要同时满足月亮和其他景物的曝光，肯定不是一件简单的事情。我们可以一边试拍一边确定月亮的色泽和周边景物的亮度，然后再寻找最合适的设置。

还有一点想要提醒大家：拍摄月亮会受到天气、月亮的位置、月亮的盈缺等多方面的因素影响。所以，想要得到不错的作品，我们需要不停地练习和拍摄。

摄影要点：

1. 提前调查好月亮升起的时间和位置，在天空还没有全黑的时候确认周边环境。
2. 日落之后升起的满月，其亮度与周边的景物比较接近，因此可以拍摄出最具有平衡感的照片。
3. 月亮的曝光值可以使用“点测光”方式来测光，即使没有曝光补偿也可以得到不错的照片。

捕捉月亮形态的时限是30分钟！

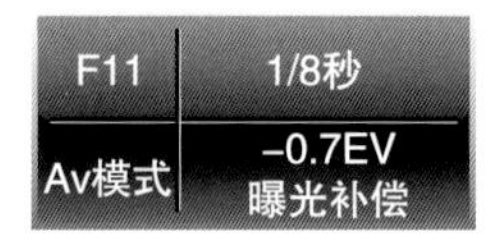

佳能EOS 5D Mark Ⅱ
EF70-200mm F2.8L IS USM
ISO200　中央重点平均测光
白平衡：日光

日出前的圆月与风景很和谐

■当天空还微亮的时候，月亮与周边景物的亮度比较接近。此时，我们既可以拍摄到月亮的姿态，又可以展现出其所处的真实环境。

佳能EOS 5D Mark Ⅱ
EF70-200mm F2.8L IS USM
ISO200　中央重点平均测光
白平衡：日光

升上天空的明月容易泛白

■在月亮出现30分钟后拍摄到了上图。风景已经看不清楚了，使用曝光负补偿也没有办法防止泛白现象。虽然这张照片说不上失败，但却没能展现出月亮的形态。

F8	1.3秒
Av模式	-1.3EV 曝光补偿

佳能EOS 5D Mark Ⅱ
EF100-400mm F4.5-5.6L IS USM
ISO400 中央重点平均测光
白平衡：日光

日落后的明月，风景的一部分

■日落后升上天空的明月在停满了鸬鹚的树林上方隐隐发光。整体的色调比较偏蓝绿色，突出了微微泛红的月亮。拍摄的时候使用了曝光负补偿。

F8	1/160秒
Av模式	-0.7EV 曝光补偿

佳能EOS 5D Mark Ⅱ
EF500mm F4L IS USM
+EXTENDER EF2×Ⅱ+1.4×Ⅱ
ISO400　中央重点平均测光
白平衡：日光

特写需要减少曝光补偿

■为了拍摄月亮的特写，首先使用中央重点平均测光的方式来测光。在-0.7EV的曝光补偿下，月亮呈现出了美丽的光彩。使用点测光就不太需要大量的曝光补偿了。

拍摄星体容易遇到的抖动问题

上图为大家展示的是正处于月全食状态的月亮。这时的月亮比平时的月亮要偏红，如果在ISO6400的感光度下快门速度就比较快，但还是容易出现抖动。拍摄星体的时候，曝光程度很难抉择，而如果我们不好好考虑抖动问题，那就更难以得到优秀的摄影作品了。

佳能EOS-1D Mark Ⅳ
EF500mm F4L IS USM
+EXTENDER EF 2×Ⅱ
ISO6400　中央重点平均测光　白平衡：日光

10 日出前的美丽流云

拍摄逆光下的云海时则需要曝光负补偿

拍摄云海的最佳时间是在日出前的微微光亮时分。而要想展现云海的魅力和张力，则最好选择逆光的环境。

虽说日出前的云海只是若隐若现，但实际的拍摄效果却比肉眼看到的要明亮。所以说，我们首先要决定好明亮度的设置。此外，如果使用“日光”模式的白平衡，可以展现出清晨特有的静谧、清幽之感。曝光补偿的数值并不是固定的，例如，如果光线太暗无法自动对焦，我们就可能需要-3EV的曝光补偿。

随着天空的逐渐明亮，曝光负补偿也应该逐渐变少。当太阳升上天空之后，则需要使用曝光正补偿来调整亮度，从而展现出早晨天空的清爽。

当画面中有太阳的时候，为了展现出它的轮廓，我们需要使用曝光负补偿来提高作品的完整性。这是在拍摄云海的时候必须牢记的技巧之一。

摄影要点：

1. 云海的实际拍摄效果比实际看到的景象要明亮许多，所以需要曝光负补偿。
2. 太阳升上天空之后，我们需要使用曝光正补偿来营造清爽的氛围。
3. 当太阳入镜的时候，需要使用曝光负补偿来突显太阳的轮廓。

F8	1/400秒
Av模式	无曝光补偿

佳能EOS 5D
EF100-400mm F4.5-5.6L IS USM
中央重点平均测光 ISO100
白平衡：日光

不使用曝光补偿来展现立体感和清晨的特色

■云海淡淡地飘浮在森林上空，树木依稀可见。虽说拍摄的效果比实际看到的效果要暗淡一些，但不需要使用曝光补偿也可以展现出清晨万物复苏、透露着淡淡金黄色的景象。同时，树木的阴影也被烘托了出来。

日出前后的不同曝光程度

日出前

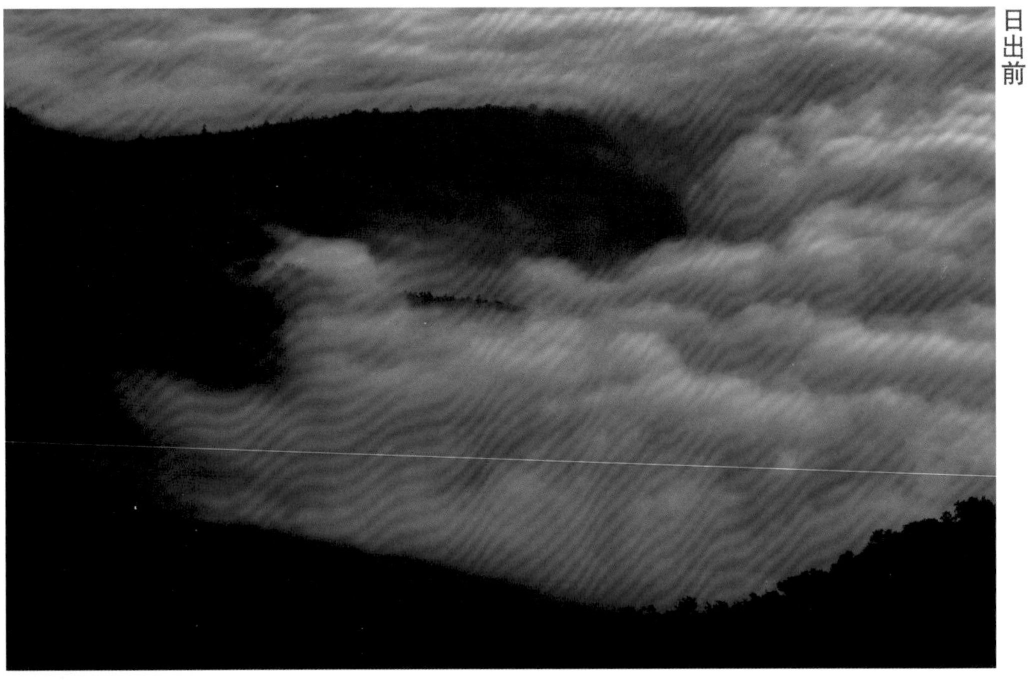

F16	30秒
Av模式	-1EV 曝光补偿

佳能EOS 5D Mark Ⅱ
EF100-400mm F4.5-5.6L IS USM
ISO100　中央重点平均测光
白平衡：日光

用曝光负补偿拍摄日出前的云海

■日出前，天空呈现出淡淡的蓝绿色，如果拍摄的效果比肉眼看到的效果暗淡一些，就可以更好地突出这一感觉。此外，如果通过慢速快门表现出云海适当地模糊就可以展现出云海的跃动感。

日出中

F11	1/160秒
Av模式	+0.3EV 曝光补偿

佳能EOS 5D Mark Ⅱ
EF100-400mm F4.5-5.6L IS USM
ISO100　中央重点平均测光
白平衡：日光

用曝光正补偿拍摄日出后的云海

■云海在受到阳光的照射后会展现出各种纹路。使用超长焦镜头锁定这一部分，通过适当明亮的曝光补偿来展现清晨的清爽。

F11	1/125秒
Av模式	-0.3EV 曝光补偿

佳能EOS 5D Mark Ⅱ
EF100-400mm F4.5-5.6L IS USM
ISO100 中央重点平均测光
白平衡：日光

太阳入镜，用曝光负补偿展现其轮廓

■当太阳升起来之后，云海瞬间就变得明亮了起来。如果只是拍摄云海，使用曝光正补偿较好，但我们还要考虑太阳的轮廓，最后选择了曝光负补偿。

摄影要点——提前准备

在日出前1小时左右，东方就开始微微亮起来了。此时，我们就应该开始准备摄影了。在昏暗的环境中一定要小心安放摄影器材（如检查是否水平、是否可以对焦等）。此后，周围的光线开始发生变化，朝阳开始发出簇簇光芒，云海在原本昏暗的环境中展现出了自己的样貌，这时的景色绝对不能错过。为了能够安心地进行拍摄，我们应该提前到达拍摄地点，一切准备好后等待最佳时机，这样才可以拍摄出如梦如幻的云海照片。

注意照射到取景器上的光线

榎元俊介

取景器没有被照射到时的曝光和照片

曝光值相差1.3倍

取景器被照射到时的曝光和照片

不让光线进入取景器的最好办法就是遮住取景器。我们可以用单手遮挡取景器，部分相机还有自动遮光的功能。

使用三脚架等工具的时候，我们往往在取景之后不观察取景器数据就直接摄影。但是，这样做可能会造成非常大的失误。当摄影者的脸没有贴近相机就拍摄，光线进入取景器后可能会影响到相机对于光亮的判断。

这些小事情看似不值得一提，但实际上却对摄影作品的影响很大。我们之前所做的准备工作——精心计算出来的曝光值可能就功亏一篑了。当曝光总达不到自己想要的效果时，不妨想想是不是因为取景器的原因。

在晴天下使用三脚架或者顺光的时候比较容易发生上述问题。所以说，当顺光拍摄的时候，一定要意识到阳光进入了取景器，这一点要注意。

那我们怎样才可以防止光线进入取景器呢？可以使用帽子遮盖、脸贴近相机、使用单手遮挡等方法。只要能阻挡光线进入取景器就可以了。

05 | 积极的曝光设置法

蓝色和粉色的微妙色调，为暮色添加别样风趣

佳能EOS 5D
EF24-105mm F4L IS USM
ISO100 评价测光
白平衡：日光 JPEG

阴影的极限表现	
F14	1秒
Av模式	-1.7EV曝光补偿

这样的曝光程度不够理想！

我需要的不是真实的色调，而是梦幻般的蓝色世界

●摄影者：福田健太郎

最初选择的拍摄时间是在阴天傍晚的时分，但是色彩和亮度我都不太满意。等了大概30分钟后，天空开始被暮色染上一层淡蓝色，而这个时候正是我要的拍摄时机。拍摄效果比实际看到的效果要更暗淡，周边的景物都笼罩在静谧的氛围中，展现出了一个蓝色的梦幻世界。

没有天空的构图刚刚好

●点评者：井村淳

拍摄效果比实际效果更暗淡，突出了色温较高的蓝色，表现出了一种静谧之美。选择的拍摄时机是日落之后的片刻，而在这个时间内色彩的变化非常明显，抓住时机按下快门，从而得到了这样一幅让人如痴如醉的摄影作品。

我可能会进一步提高饱和度

●点评者：榎元俊介

夕阳落山后的景色真是美啊！面对这个场景，我可能会选择不同的设置。例如进一步提高饱和度，使用樱花般的粉色来与我们看到的蓝色相对比，进一步突出蓝色调。同时，我还想进一步降低亮度，让后方的针叶林能够微微有一些黑色，或许这样做会让作品更加令人惊叹！

02 白色的层次如此绝妙！大海宛如漂浮在空中的云朵一般

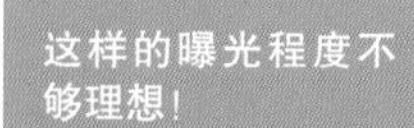

看不到大海也没问题

●摄影者：榎元俊介

我拍摄的意图就是要展现一种梦幻般的氛围。所以，在使用了ND滤光镜之后，通过长时间曝光来展现大海的动态。海面上还有微微的阳光，为了保留这一难得的景象，我选择了比较明亮的曝光补偿。这个曝光的设置已经到了极限，马上就要出现泛白了。

岸边的礁石十分抢眼，换个颜色或许更好……

●点评者：福田健太郎

通过长时间曝光可以得到我们肉眼看不到的、只有照片才可以展现出来的世界。白色、如云一般的大海，给人一种不可思议的感觉。同时，礁石的棱角又瞬间吸引了我们的目光。我比较偏好暗沉一些的环境，所以我可能会降低画面亮度，通过白平衡来让画面带上些许蓝色。

礁石和浪花融为一体，提高了画面的梦幻感

●点评者：清水哲朗

在白天选择长时间曝光的拍摄手法实在是太绝了。礁石和浪花融为了一体，充满了梦幻的感觉。接下来要做的就是如何冲洗这张照片了，那也是展现摄影者技巧的一环。

尼康D3
AF-S NIKKOR 24-70mm F/2.8G ED
ISO200　矩阵测光　白平衡：自动
RAW 尼康Capure NX 2

高光的极限表现	
F22	13秒
A模式	+1EV曝光补偿

03 雪景的摄影诀窍——在黑暗中寻找光明

20秒的长时间曝光+0.7EV的曝光补偿

●摄影者：清水哲朗

日落之后，大雪开始席卷大地。鹅毛般的降雪让人眼花缭乱。如果直接进行拍摄，那么降雪就会变成像降雨一样，失去了其本身的特色。一般来说，我只会选择自然光拍摄，不太喜欢使用闪光灯。而为了展现片片雪花，我还是使用了闪光灯。为了利用地面的反射光，我选择了20秒长时间曝光，并使用了0.7EV的曝光补偿。当然，为了拍摄到满意的雪景，还要用到三脚架，并连续拍摄了许多张照片。

背景的细致入微和雪花的温柔美丽给人的印象非常深刻

●点评者：福田健太郎

树枝的细节与虚化的雪花形成了很强烈的对比。银装素裹的世界真实地再现眼前。真是一幅不错的作品。我要是拍摄这个场景，肯定也会跟清水哲朗一样，反反复复拍摄很多张，直到获得一张满意的作品。近景处虚化的雪花为照片添加了最大的特色，改变了其整体的氛围。

我想进一步降低亮度……

●点评者：榎元俊介

雪花静静地飘向大地，展现出了冬景的静谧和美丽。如果是我拍摄这个场景，我可能会用频闪的调光方式来降低画面的亮度，减弱近景处雪花的存在感。明亮的色调固然没有问题，但如果能降低亮度的话，可能会得到更佳的作品。

佳能EOS 5D Mark Ⅱ
EF70-200mm F4L IS USM
评价测光 ISO160
白平衡：日光

高光的极限表现 & **阴影的极限表现**

F4.5	20秒
Av模式	+1EV曝光补偿

炽烈阳光下的温柔清风

奥林巴斯E-5
ZUIKO DIGITAL ED 12-60mm F2.8-4.0 SWD
49区分割数位ESP测光　ISO100
白平衡：晴天

高光的极限表现	
F22	1/8秒
A模式	+1.7EV曝光补偿

曝光和快门速度都达到了抖动的极限

●摄影者：清水哲朗

夏日的阳光要把人都给烤焦了。在炽烈的阳光下，却惊奇地感受到了一阵清凉的微风。草丛随着微风舞动，发出“沙沙沙”的声响。为了表现微风的姿态，我选择了低速快门。我当时想要拍摄出比较偏高调的曝光感，并且不想拍出草丛的苍凉感，只想展现出夏日的闷热与清风的对比。曝光数值从直方图中看不太出来，只能凭感觉按下快门。

淡淡的色调，唯美到极致了

●点评者：福田健太郎

这幅作品非常的细致，仿佛唤醒了我内心深处尘封的记忆。拍摄效果比真实情况要更加明亮，而快门速度又提高了画面的模糊感，整体散发出一种淡淡的美感。在看这张照片时，让我不禁有想要走进照片中的那个世界去看一看的冲动。

快门速度的设置绝了

●点评者：井村淳

我仿佛看到了微风吹过草原的景象。使用曝光正补偿打造高调的摄影作品，但整体却沉浸在一种柔美的氛围中。这幅作品成功展现出了风的姿态，快门速度的设置实在是太绝了！

05 挑战强烈的阳光，用单色展现季节的虚无感

描绘出太阳的轮廓，确定较暗淡的曝光设置

●摄影者：井村淳

我抓住了大雁飞过天空的瞬间。当太阳在前方的时候我就开始连拍，一直到太阳没有入镜为止，使用的都是自动曝光锁定，画面也比较明亮。这种曝光不好把握，当太阳进入取景框之后，就很难拍摄出具有震撼力的照片了。为了展现太阳的轮廓，我特意降低了画面的亮度。逆光下，云层看起来也比较薄，哪怕天空不够明亮，也不会影响到雁群的存在感，相反，更加突出了它们的魅力。

要想控制太阳的曝光程度可不是一件易事

●摄影者：福田健太郎

一边追踪飞翔的雁群，一边考虑它们与太阳的组合，同时还要考虑对焦、曝光等，能得到这样的作品简直跟变魔术一样神奇。太阳本身非常明亮，所以很难确定合适的曝光值。但这幅作品中，太阳的轮廓暗了下来，突显出雁群的存在感。

熟悉相机并迅速操作相机十分重要

●摄影者：榎元俊介

这个作品是一瞬间完成的，所以需要事先熟悉相机并迅速地完成各项设置。不仅是曝光程度，还有对焦、取景等，这些都要同时完成。可以说，如果多加练习之后就可以在无意识中调整好这些设置，所以，熟悉自己的相机非常重要。

佳能EOS-1D Mark Ⅳ
EF100-400mm F4.5-5.6L IS USM
中央重点平均测光 ISO100
白平衡：日光

高光的极限表现 & **阴影的极限表现**

F20	1/8000秒
Av模式	-0.3EV曝光补偿

暗色中妖娆摇曳的垂樱

这样的曝光程度不够理想！

实际上肉眼看到的景色没有这么暗沉……

●摄影者：井村淳

日出前30分钟左右，我拍摄了这幅作品，主角是山林中的垂樱。没有使用曝光补偿时有些过于偏白，而且总让人觉得别扭。于是，我选择了曝光负补偿来营造暗色调的环境。实际上使用了-3EV的曝光补偿，比肉眼看到的亮度要暗沉许多。

-3EV的曝光补偿实在是太大胆了！

●点评者：福田健太郎

这幅作品的确给人一种在黑夜中的感觉。井村淳通过对曝光的控制，为我们展现了别样的世界……与白天看到的樱花不同，此时的樱花带有微微的绿色和妖娆。而-3EV的曝光补偿着实非常人所想。这个效果肯定比实际看到的效果更加震撼。

从中看到了日本绘画的特色

●点评者：清水哲朗

我一直很喜欢日语里“暗夜花香”这个词，每当看到这个词，我的脑海里总会浮现出在黑暗中盛开的樱花姿态。虽说摄影者拍照的时候不是在夜晚，但通过大胆的曝光负补偿却达到了这个效果。拍摄樱花时到底需要多少亮度是因人而异的，这与日本绘画的表现方式有共通之处。

佳能EOS 5D Mark Ⅱ
EF70-200mm F2.8L IS USM
中央重点平均测光 ISO400
白平衡：日光

高光的极限表现 & **阴影的极限表现**

F8	1/10秒
M模式	手动曝光

电脑上能看到真实的曝光情况吗?

桐生彩希

如标题所说的那样，许多摄影爱好者都怀有这样的疑问。但许多人始终找不到这个问题的答案，于是，久而久之就忘了。

有句话说：电脑的显示是否正常和真实，需要使用校准工具去检验，而且要在一定的照明下去设置合适的明度。的确，这句话说得没错。可是，什么是“一定的照明”？什么又是“合适的明度”呢？一句话是解释不清楚的。例如，相机厂商生产

出显示明度为120坎德拉（发光强度的单位，简称“坎”，符号cd）的相机，可有人反驳说那不过就是110坎德拉，还有人认为只有90坎德拉而已。在网上搜一下，甚至会发现许多人列出了种种理由，声称100坎德拉才是标准值。

这个例子告诉我们：谁都说不清楚！

显示亮度在不同环境中是不同的，而且，用于显示的目的也不同。例如，在比较昏暗的屋子里，如果显示的亮度不够高，那么可能曝光看起来就不自然。即使是将相片打印出来，由于打印纸的亮度（白色）不同，我们看到的效果也不一样。同样的打印纸，也会有品种不同、所处的环境不同等很多不确定的因素。因此，到底怎样的显示亮度才是合适的，这是没有定论的。

不过，这并不代表我们不用在意显示的情况。至少，我们应该设定一些标准，然后按照这些标准进行调整。简单概括成一句话就是：要让相片永远保持在同样的环境下显示。

其实，这并没有我们想象得那么难。通过电脑的一些设置或者通过校准软件的帮助是可以达到目的的。

最重要的是使用相同的打印纸和数码相机。那么，我们应该做的是哪些步骤呢？

①在不变的工作环境下测试打印纸的亮度。

②测试显示器中白色（比如窗口之间的空白空间）部分的亮度。

③将显示器的亮度调整为打印纸的亮度。

就这么三步，简单吧！

是的，简单的步骤就可以搞定亮度和曝光的显示问题，拿笔记下来吧。不过，设置成功之后，还要时不时地检查一下显示器的亮度，如果不准确时就需要再次调整。这样就可以获得“同样的环境”了。

或许有的人会想，这跟显示器的色彩无关吧。其实，能保持显示环境的一致就是最重要的了，相比于完全不进行任何设置，这样做的好处还是显而易见的。在一定且相同的环境下查看照片，哪怕是曝光有一点问题，我们都可以立即察觉出来。这在拍摄摄影作品的时候十分有用。

既然我们已经有了数码相机，那么要不要尝试着对准显示器拍张照片呢？这样校准了之后可能会帮助我们获得更佳的作品。

06|RAW图像与修片

曝光调整技巧

01 相机曝光补偿与修片处理的效果是不同的

修片不是为了弥补不足，而是为了获得更佳的作品

使用修片软件处理RAW图像之后，是不是所有的照片都可以变成最理想的作品呢？如果这样想就大错特错了。在考虑曝光补偿的时候，我们可以通过相机进行，可以在处理RAW的时候进行，还可以使用修片软件进行。但这三种方法的效果是不同的。在开始使用电脑修片之前，首先要明白这三者的区别。

使用修片软件处理曝光（明暗）补偿时往往达不到理想效果。当然，我们可以调整照片的亮度、对比度等，但这并不是相片本身的曝光补偿。所谓的“相片本身的曝光补偿”，就是使用相机直接操作得到的曝光补偿。

使用修片软件调整曝光的最大问题是无法挽回照片泛白和泛黑的现象。泛白的部分即使使用曝光负补偿也没有用，虽说整体亮度降低了，但泛白部分始终不会有任何层次，看起来很别扭。泛黑的情况也是同理。

由于RAW图像中包含的数据比普通的JPEG图像要多，所以通过一定的曝光补偿可以改善部分泛白或者泛黑的现象。但是，这与相机本身的曝光补偿还是不太一样。说到底，也只是重新再现了与相机曝光补偿类似的功能，如果需要大量的曝光补偿，是肯定达不到相机处理的水平的。

可是，这并不代表RAW图像和JPEG修片是不可行的，它们仍然有自己的优点和缺点，只要我们学会去弥补这些缺点就可以了。虽说修片软件不能够完成相机的曝光补偿功能，但是它还有其他许多功能，可以帮助我们提升作品的质量。而对RAW图像进行处理后得到适当的曝光补偿还是没有什么问题的。

考虑到这些因素，我们在拍摄的时候就需要确定好一定的曝光补偿，有必要的话，再微调RAW图像。RAW图像还可以使用修片软件来调整对比度、色彩等，从而得到一幅满意的作品。虽说修片软件并不是弥补失败的工具，但却可以为我们带来更好的照片。这一点可千万不要忘记哟！

泛白泛黑是修片的天敌！

■修片时最需要注意的就是查看是否有“泛白”或者“泛黑”的情况。如果出现了这两种情况，无论我们进行怎样的曝光补偿都无济于事，它们只会发生明暗和色彩的轻微变化。如果曝光过度的照片，我们或许还可以用合成的方法来修复泛白的部分，但对曝光不足的照片，我们基本上是束手无策。如果拍摄时发生了泛白或者泛黑的现象，那么我们至少要保证“重要部分”的曝光正常，最终再通过修片软件对明暗部分修饰一下即可。

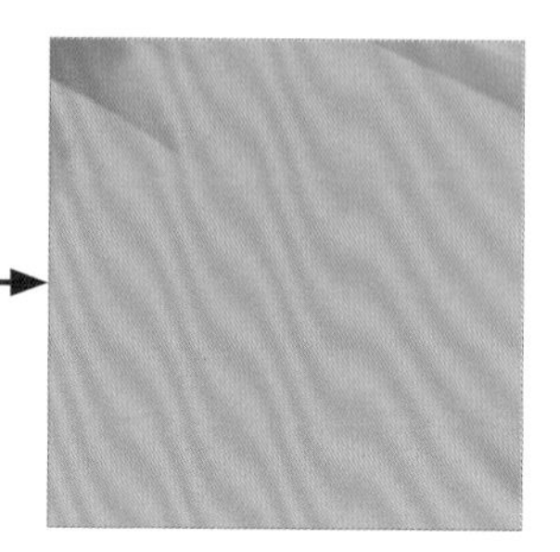

尝试修正泛白后的鲜花。修片软件中看起来比较暗淡，但实际上泛白的部分无法修正。

极具品位的照片

■使用相机进行曝光补偿自然可以避免泛白或泛黑的问题。相对于RAW图像或者JPEG修片来说，相机直接进行曝光补偿可以得到更具品位的照片。我们在控制曝光的时候，可以让其尽量接近真实情况，这样可以有效地防止泛白或者泛黑现象的出现。

±0.5EV曝光补偿没有问题

■对没有进行曝光补偿的RAW图像使用软件进行修正时，曝光补偿的数值越大差距就越大，而±1EV的曝光补偿效果与相机直接进行的曝光补偿效果还是很接近的。而±0.5EV的范围内，曝光补偿绝对没有问题。花瓣的泛白可以通过曝光负补偿来营造出层次感。

无法修正泛白情况

■对没有进行曝光补偿的JPEG图像使用修片软件进行修正时，如上图所示，曝光正补偿的情况下，其效果与相机直接进行的曝光补偿效果接近，但曝光负补偿则差异很大，而且泛白的现象也没有得到修正。可是，通过适当的曝光补偿设置后，我们仍然可以得到一张具有品位的照片。

仅为需要的部分曝光补偿，提高电脑修片的真正魅力

为了完成最理想的作品，可能需要进行部分修片

使用电脑对照片进行编辑（修饰）的好处就在于可以弥补一些在拍摄时没有注意到或者找不到办法处理的明暗和色彩的失误。例如，拍摄时为了不让照片泛白而不得不降低了整体亮度，但是通过修片却可以提升照片亮度，同时也不会产生泛白现象。对于部分比较暗沉的照片，我们可以仅选择对比较暗沉的部分进行曝光补偿，从而提升其亮度。这些优点都是修片软件所特有的，它帮助我们能得到理想的作品。

在电脑上进行修片所使用的软件就是“修片软件”，一般常用的是Adobe公司的“Adobe Photoshop CS”和“Adobe Photoshop Elements”。修片软件上有许多曝光补偿的功能（如修改照片的明亮程度、色彩等），而且可以进行的色彩调整比数码相机要多。

还有一种软件叫RAW图像软件，它与普通的修片软件不同，但也可以对照片的部分区域进行调整，而且其得到的照片画质比JPEG图像要高，如果不需要进行图像的合成或者虚化等加工，使用RAW图像软件就足够了。当然，RAW图像软件中也有针对JPEG图像或者TIFF图像的修片功能，它的功能比一般的修片软件更加完善。

部分修正的优点

■摄影并不能保证我们得到满意的照片。因为各种原因，拍摄的时候我们不得不做出一些“让步”，但是，修片软件却可以让我们对照片中部分不满意的地方进行修正。

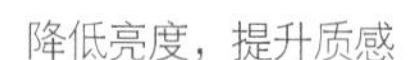

降低亮度，提升质感

稍微曝光正补偿

得到了想要的作品

安装一个修片软件或者RAW图像软件吧

修片软件“Adobe Photoshop CS5”

这是专业摄影者必备的软件，它不仅可以用于编辑图像，还可以设计、制作网页等，功能十分强大。对于初次使用PS的玩家来说，还可以选择比较基础的“Adobe Photoshop Elements”。

RAW图像软件“Adobe Photoshop Lightroom4”

这款RAW图像软件承载了Adobe Photoshop系列软件的优点。相比于其他图像软件，这款软件可以帮助我们得到真实的色彩，并且还可以对JPEG图像进行修饰以及对图像部分调色。

如何使用Adobe Photoshop CS软件进行修片

第一步：选择“调整图层”菜单

■在Adobe Photoshop中，对照片进行修饰时需要进入“调整图层”菜单。可以从主菜单进入，也可以从页面下方的按钮进入。上图显示的是“创建新的填充或调整图层”，这样选择很方便。

第二步：修饰照片

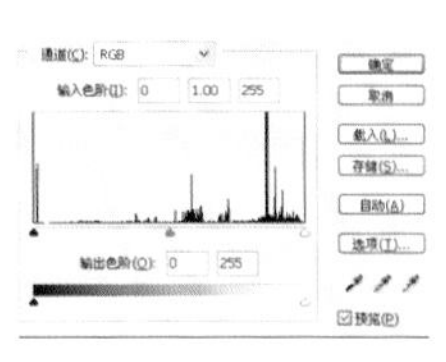

注意此部分

■选择合适的功能来修饰照片。目前修饰功能可以用于整张照片，如果需要特别修饰某些部分，直接加强那部分的修饰就好了（修饰的程度也可以选择）。

第三步：准备蒙版操作

③将前景色设置为“黑色” ①选择“图形蒙版缩略图”

■对照片部分进行修正时需要使用到“图层蒙版”的功能。图层蒙版是将图像或者修正的部位透明化的功能，使用黑色涂抹修正则消失，使用白色涂抹修正则恢复。修正之后应该是白色的状态。

第四步：点击不需要修正的部分

■第三步已经使用了画笔工具，如果点击不需要修正的部分，那么修正功能则会被取消。这样就完成了对照片的部分修正。之后要对其他部分进行修正，采用同样的方法就可以了。

如何使用Adobe Photoshop Lightroom4软件进行部分修片

第一步：选择“修正画笔”功能

选择修正画笔 

在Lightroom软件中出现了照片之后，选择右上角的“修正画笔”功能。在这里，我们可以看到曝光量、对比度等设置，点击后就可以进行所需的修正了。

第二步：点击修正的部分

在“修正画笔”功能中降低图像的曝光量，点击需要降低曝光的部分，这样就完成了对照片的部分修片。Adobe Photoshop Lightroom的操作方便，比Adobe Photoshop CS更加简单易懂。

03 不要盲目修片，先要对照片有一个整体的印象

仔细观察照片，选择需要修正的部分

如果慌忙地开始修片，最后就会变成无止境地不停操作。大量的操作可能会让照片面目全非。许多时候正是因为过量的修正才让我们一直得不到理想的作品。

开始修片之前，首先要仔细观察照片，确认哪些部分是需要修改的。要么调亮，要么调暗，这些都是基本的判断。此外，还有对比度、鲜艳度、色彩、阴影的浓淡等，固定几个需要修正的部分，让修片工作也变得有逻辑起来。

最初可能还不太清楚自己想要什么效果，那么就先找找自己觉得别扭或者明显不足的部分吧。找到了这些地方之后，先要想想为什么自己会有这种感觉，然后再根据情况进行修正。

例如，照片给人感觉太过于平淡，我们可以提高对比度和鲜艳度；如果照片给人感觉太过于混浊，提升亮度、降低对比度等；如果感觉照片没有重点，可以提升高光程度；如果感觉照片过于单薄，可以加深对比度和鲜艳程度等。这些都是非常有效的修片方法。对于明亮鲜艳的色彩，我们需要降低对比度来提升鲜艳程度，这些都是固定的修片技巧，牢记几个之后操作起来也方便。

修片技巧大公开

原始照片

修片的方法很多。这里，我们为大家介绍几种常用的修片方法，记住几个，使用起来就方便多了。当然，这些方法并不适用于每一张照片，但总归要先试试看!

加强印象

提升对比度，增加照片的张力。进一步提升鲜艳度（饱和度），让照片给人的印象更加强烈。操作的时候要注意防止泛白或者泛黑的现象出现。

去掉混浊感

提升整体亮度，降低对比度。这样，可以改善照片的阴影和层次，去掉照片表现出来的混浊感。

减少平淡

有一个功能叫“曲线”，可以不改变阴影的亮度，只使用高光来增加明亮感，去除照片的平淡和普通。

增加厚重感

使用曝光负补偿降低曝光程度，提升鲜艳度。所谓的厚重感和单薄感都是针对照片而言的，设置时注意不要过量。

选择轻快色彩

降低对比度，提升亮度和鲜艳度就可以了。这是在“去除混浊感”技巧的基础上进一步提升鲜艳度所得到的作品。

做一个修片设计图，让一切有规可循

①考虑照片不满意的地方

■仔细观察需要修片的照片，找到不足的或者不满意的地方。首先是看整体的曝光情况和色彩等具有大致方向性的部分。然后再继续思考细节部分。考虑细节的时候，要注意光源方向、阴影方向等，这样可以帮助我们尽快修片成功。

②在照片中写下效果

■使用普通纸张单色打印照片，然后直接在纸上写下所需的效果。不要考虑这个效果是否可以实现，只要写下自己的想法即可。这样可以确定我们修片的大致方向。如果不太方便打印，我们也可以在白纸上大概画出照片的布局，然后开始做笔记。

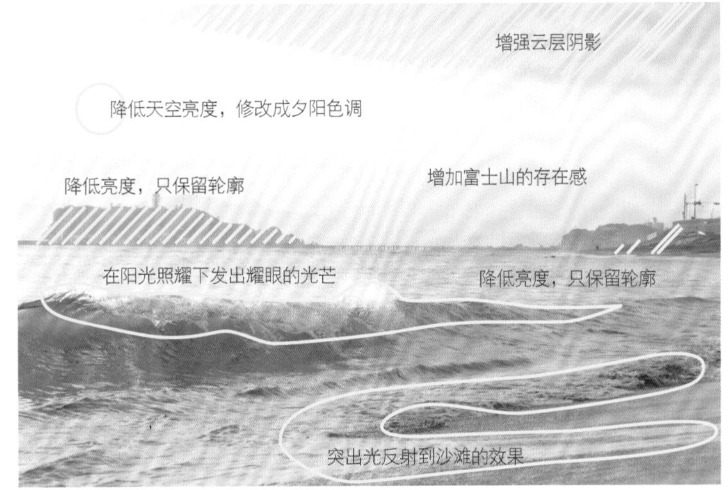

③遵循设计图来修片

■按照我们写下的笔记来修片。首先要调整整体的曝光和色彩等。操作的顺序应该是从大到小，先修改大面积的部分。使用的软件不一定是同款，如果使用Adobe Photoshop CS来修片，可以选择调整图层中的“曲线”“色相/饱和度”等菜单。如果只对部分修正，使用图层蒙版的三个功能就可以解决了。

04 掌握图层修正中的曲线，研究曝光补偿功能

牢记两项功能，完成曝光补偿

不管是使用Adobe Photoshop还是其他修片软件，我们在对照片进行曝光补偿的时候，多数情况下会用到两个功能，一个是“色阶”，一个是“曲线”。修片软件不同可能名称也不尽相同。但它们的功能大同小异，只要记住其使用方法即可。

“色阶”可以调整从白色到黑色（图层）的范围。例如，如果黑色过于简单而没有层次的照片，我们可以选择增加黑色的层次感。此外，它还可以调整整体的明暗程度，并且不需要更改黑色或者白色就可以进行修正了（要防止出现层次的问题）。

“曲线”则主要适用于调整对比度，对特定的明暗范围进行对比度的调整。所以说，如果要对细节进行修正，那就要用到这个功能了。

以上两个功能的特性都比较复杂，大家可以参照下图的图标对它们的特性多一些了解。

曝光补偿的两大功能

色阶

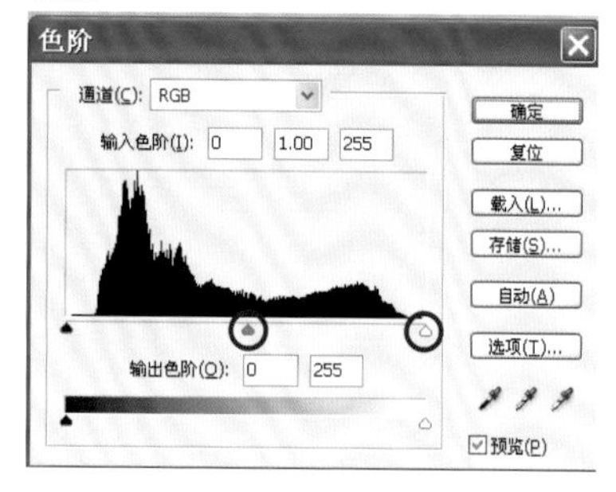

←参照直方图，我们可以调整阴影和高光部分的状态和整体的亮度等。通过拖动直方图下方的△，我们可以对阴影的黑色（①）、整体的亮度（②）、高光的白色（③）进行调整。①和③的△在直方图的左右两端，可以同时完成从阴影到高光部分的各种修正。

曲线

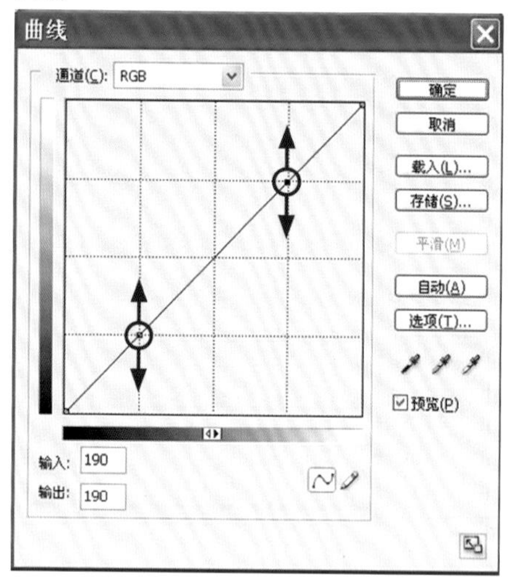

→通过拖拽斜上方45°的直线，我们可以对特定范围的明暗和对比度进行调整。在横轴上，如果只是上下调整右方向，就只是调整高光（①），如果是调整左方向，就只是调整阴影（②）。这个功能可以让我们详细地对多处的对比度进行调整。一般来说，对两处进行调整的方法比较简单。

记住这些功能吧

色相/饱和度

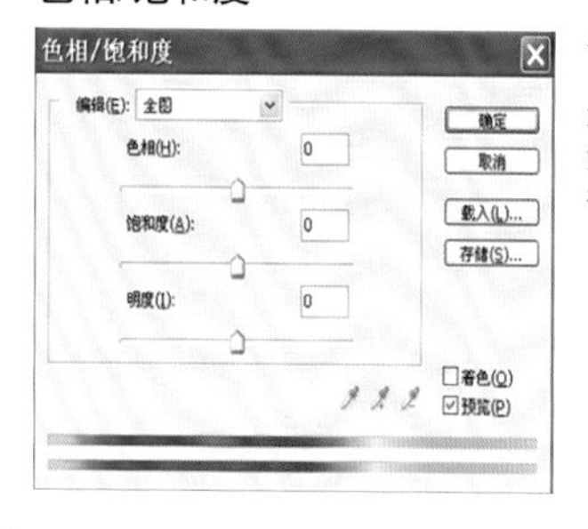

←更改照片的鲜艳度肯定要用到“饱和度”功能。饱和度太强则不自然，适度调整后可以让画面鲜艳起来，让人印象深刻。“色相”一般不会被用来修正照片。

色彩平衡

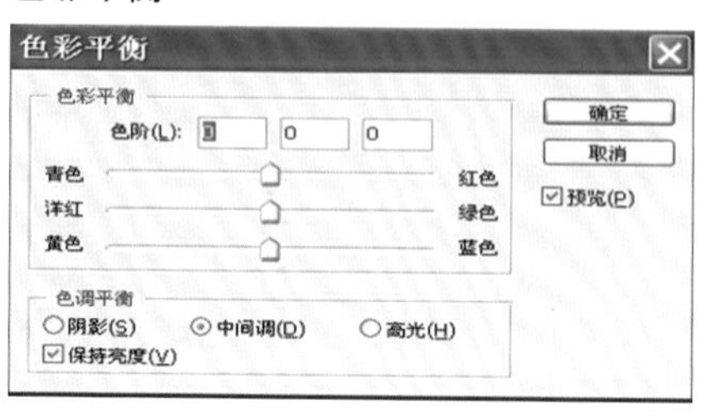

→这个功能类似于数码相机中对白平衡的详细设置。虽说不是“色温”设置，但是仍然可以调整青色、红色、洋红、绿色、黄色、蓝色等颜色的浓淡等。

牢记“图层修正”的功能和特性

原始照片

①将左方的△右移

②将左方的△左移

■在“图层修正”中有四个修正方式：“降低阴影亮度①”“提升高光亮度②”“降低整体亮度③”“提升整体亮度④”。从右方的示例来看，貌似①和③的曝光程度一样，但实际上我们要看下面的渐变图层。①中的黑色区域较宽，而③中的阴影层次更明显。高光（②和④）也是同样道理。也就是说，①和③在防止泛黑或者泛白的同时，可以提高作品的层次感。而③和④则可以调整曝光程度。

③将中间的△右移

④将中间的△左移

牢记“曲线”的功能和特性

原始照片

①降低阴影亮度

②提升高光亮度

■“曲线”功能中，提升曲线高度则增加亮度，降低曲线高度则减少亮度。横轴上是明暗分布（左面是阴影，右面是高光）。移动的部分不同，修正的范围也不一样。例如，如果降低左下方的曲线，那么阴影就会变得更暗（①），提升右上方的曲线，高光就会变得更亮（②）。调整的时候观察下方渐变图的变化可以减少对其他部分的影响。此外，①、②、③都是可以组合使用的，可以增加画面的对比度等。

③增加对比度

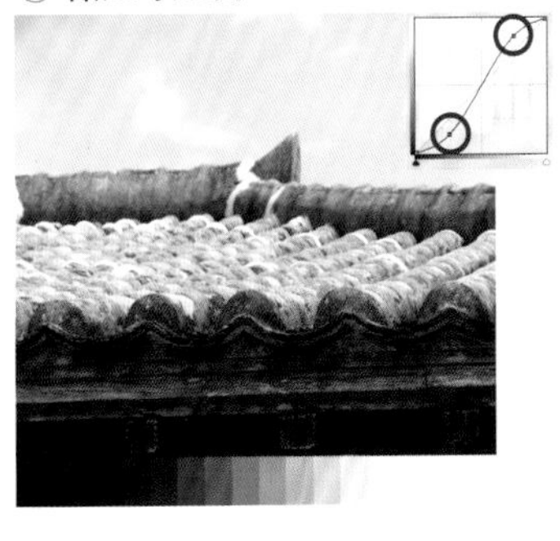

④减少对比度

05 自然的色彩与活力，创作HDR作品的技巧

从曝光不同的照片中选取最佳的部分

修片的时候，可能会用到HDR合成技术。提到HDR，许多摄影爱好者会认为：不就是现在相机上像绘画作品的一种技术吗？实际上，要想得到优秀的摄影作品，我们必须要学会HDR技巧。

HDR是High、Dynamic、Range的首字母组合起来的简写形式，它可以帮助我们创造出富有活力、从暗到明都富有层次感的作品。以前它的作用比较类似滤光镜，但现在多用来处理照片中泛白的部分等。

在使用Adobe Photoshop等修片软件进行HDR合成的时候，不需要使用特别的功能。曝光不同的照片可以用不同的图层重叠起来，然后选择需要的部分（用蒙版的方式将不需要的部分透明化），这样就不会出现泛黑或者泛白的问题了，自然就可以得到我们理想的照片了。

HDR功能的最大优点是可以同时将阴影和高光部分提升到极限，从而创造出富有层次感的作品。例如，低调的作品，往往要曝光负补偿拍摄。但是，拍摄的时候，要想表现黑色阴影的层次并不简单，所以很难真实再现当时的场景。如果有了HDR功能，我们就可以选择比较明亮的拍摄方式，然后再通过修片来降低亮度，自然就保留了画面的质感和层次感。

不过，拍摄比较明亮的照片时，可能会出现高光部分泛白的情况。为此，我们不妨多拍摄一张曝光负补偿的照片。这样，在使用HDR功能的时候，将两张照片重叠在一起就可以调整明暗度了，而且还可以得到层次感十足的作品。

再说简单一点，只要摄影的时候拍摄了普通亮度的照片、突出阴影层次的照片（曝光正补偿）和突出高光层次的照片（曝光负补偿），那么不管怎样的明亮程度都可以通过修片软件来合成了。

表达意图不同则曝光不同

重视天空层次的照片

佳能EOS 5D Mark Ⅱ
EF28-135mm F3.5-5.6 IS USM
光圈优先自动曝光（F4 1/1600秒） -1EV曝光补偿
ISO100 评价测光
白平衡：日光

重视地面层次的照片

佳能EOS 5D Mark Ⅱ
EF28-135mm F3.5-5.6 IS USM
光圈优先自动曝光（F4 1/800秒） -1EV曝光补偿
ISO100 评价测光
白平衡：日光

■如果按照理想的亮度来拍摄天空，那么地面的阴影就会过于浓厚而失去层次。此时，我们不妨再拍摄一张针对地面亮度的照片，然后再将两张照片重叠在一起。因为地面部分距离天地的分界线不远，所以层次感也不错。拍摄时可以选择较亮的方法摄影，然后用修片软件来进行曝光负补偿。具体的操作方式请参照下一页。

使用Adobe Photoshop软件来合成照片，调整亮度

①将两张照片用图层的方式重叠

■这里为大家介绍大致的操作方法。如果大家使用的是Adobe Photoshop CS5（或者Elements10），可以参照以下步骤。首先是合成“地面曝光”和“天空曝光”的两张照片（如上页所示）。将“地面曝光”的照片放到上层，消除这一层后就可以得到“天空曝光”的照片了。

将两张照片重叠在一起

②将不需要的部分透明化

■上方的图层是地面曝光的照片，所以先将泛白的云层部分透明化。使用“图层蒙版”可以很轻松地完成这项操作。图像中的上部分慢慢地变得透明，下部分的“天空曝光”图像慢慢显现出来。这样，不同曝光的两张照片就合成成了一张照片。

使用“图层蒙版”来透明化

③调整曝光，完成修片

■最后再使用“调整图层”中的“曲线”来完成曝光。在确认阴影层次的基础上，尽量修正成接近真实场景的效果。将比较明亮的照片亮度调低，可以保持阴影的层次感，同时又创作出一幅低调的作品。

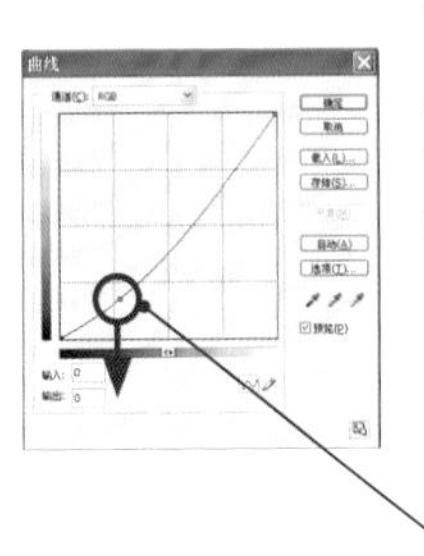

用“曲线”来修正曝光

图书在版编目（CIP）数据

数码单反摄影实力派. 专业级风景拍摄技巧大全 /（日）宽达编著；吴宣劭译. -- 北京：中国民族摄影艺术出版社, 2014.9

ISBN 978-7-5122-0582-6

Ⅰ. ①数… Ⅱ. ①宽… ②吴… Ⅲ. ①数字照相机－单镜头反光照相机－风光摄影－摄影技术 Ⅳ. ①TB86 ②J41

中国版本图书馆CIP数据核字(2014)第163083号

TITLE: [風景＆ネイチャー露出の教科書]
BY:Kwenda

策划制作：北京书锦缘咨询有限公司（www.booklink.com.cn）
总 策 划：陈 庆
策　　划：李 伟
设计制作：季传亮

书　名：数码单反摄影实力派：专业级风景拍摄技巧大全
作　者：［日］宽达
译　者：吴宣劭
责　编：欧珠明 张 宇
出　版：中国民族摄影艺术出版社
地　址：北京东城区和平里北街14号（100013）
发　行：010-64211754 84250639 64906396
网　址：http://www.chinamzsy.com
印　刷：北京和谐彩色印刷有限公司
开　本：1/16 185mm × 260mm
印　张：11
字　数：135千字
版　次：2015年4月第1版第1次印刷
ISBN 978-7-5122-0582-6
定　价：49.80元